干旱区排水暗管外包料化学淤堵机理与改性防控

伍靖伟　郭宸耀　著

科学出版社

北京

内 容 简 介

本书针对我国西北内陆干旱区土壤盐渍化严重、排盐工程效率不高的问题，基于田间调查、室内测试分析、室内试验、理论分析及数学模拟的结果，总结研究团队在排水暗管合成外包料化学淤堵与改性防控方面的研究成果，包括排水暗管外包料淤堵的基本特征、影响因素及其阻盐效应，合成外包料上盐分的结晶沉淀过程与淤堵形成机制，化学淤堵与渗透系数协同演变过程的数学模拟，材料改性与结构优化防控化学淤堵的机制及措施等。本书部分插图附有彩图二维码，扫码可见。

本书可供农业水土工程、水土资源与盐渍化防治方面的科研人员，以及从事灌溉排水管理工作的技术人员或管理人员参考使用。

图书在版编目（CIP）数据

干旱区排水暗管外包料化学淤堵机理与改性防控 / 伍靖伟，郭宸耀著.
北京：科学出版社，2024.12. -- ISBN 978-7-03-079719-3

I. S276.7

中国国家版本馆 CIP 数据核字第 2024WZ8435 号

责任编辑：何 念 安 晨/责任校对：刘 芳
责任印制：彭 超/封面设计：无极书装

科学出版社 出版
北京东黄城根北街 16 号
邮政编码：100717
http://www.sciencep.com
武汉中科兴业印务有限公司印刷
科学出版社发行 各地新华书店经销
*
开本：787×1092 1/16
2024 年 12 月第 一 版 印张：10
2024 年 12 月第一次印刷 字数：234 000
定价：108.00 元
（如有印装质量问题，我社负责调换）

前　言

暗管排水技术是防治干旱区土壤盐渍化的有效措施，由于其具有排水效果好、占地少、便于机械化施工和易维护等优点而得到了广泛的应用。合成外包料作为暗管外包料的主要类型，已随着塑料工业的发展越来越多地被世界各地采用。不过，随着暗管运行年限的增加，暗管淤堵日益严重，排水排盐效果越来越差，有的甚至完全失效。目前，针对土壤颗粒流失造成的物理淤堵的研究较多，并且有较为成熟的防控技术。生物淤堵的发生需要特定的物理化学条件，在农田排水中通常不是造成淤堵的主要因素。化学淤堵的已有研究较多关注以氧化还原反应驱动的铁锰沉淀导致的淤堵，对干旱区低溶解性盐分结晶沉淀等化学过程导致淤堵的机理机制研究尚不充分，迫切需要开展深入、系统的试验和理论研究，以保障暗管排水工程的长期稳定运行。

化学淤堵主要是由合成外包料纤维结构中结晶沉淀的凝聚和发展造成的。目前，对化学淤堵发展过程的影响因素，尤其是水动力因素尚有争议；对化学淤堵物质在合成外包料纤维上的结晶形态、分布形式及其对合成外包料孔隙分布特征和渗透系数的影响机制也不清楚，亟须结合排水条件进行机理研究。

结晶沉淀是在暗管周边一定空间内持续进行的过程，其对渗透系数的影响具有时空演变特征，对排水系统性能的影响是非线性的，因此发展数学模型对化学淤堵过程进行量化，对于探究化学淤堵的影响因素、影响程度及有效的解决途径很有必要。然而，目前关于合成外包料中低溶解性盐分淤堵机理的研究多停留在实践观察和规律归纳阶段，对化学淤堵的微观过程及其对排水的影响过程尚未有系统的机理性描述，也缺乏针对这一过程的专门性模型及改性防控措施，因此难以为暗管排水系统的合理设计与性能维持提供理论依据和技术支持。

本书是作者对多年来在西北干旱区开展的排水暗管化学淤堵机理与改性防控研究的成果总结，阐述研究团队在该领域的主要研究成果。

全书包括 8 章内容。第 1 章对本书的研究内容进行概括性介绍；第 2 章基于新疆土壤质地分布及地下水的理化性质，利用物理、化学淤堵风险评估指标绘制暗管外包料淤堵风险图谱；第 3 章基于野外调查和室内测试分析，确定干旱区化学淤堵物质的主要成分及其对合成外包料渗透系数的影响；第 4 章通过开展室内结晶沉淀试验，探究化学淤堵在合成外包料上的发生发展过程，量化结晶沉淀与孔隙分布和渗透特性的关系；第 5 章基于合成外包料渗透系数模型和化学物质结晶沉淀模型，构建合成外包料化学淤堵与渗透系数协同演变模型；第 6 章通过开展包料区结晶沉淀试验，构建包料区化学淤堵与渗透系数协同演变模型；第 7 章分别对包料区、合成外包料化学淤堵与渗透系数协同演变模型进行敏感性分析，确定影响化学淤堵过程的主要因素，并应用建立的合成外包料化学淤堵与渗透系数协同演变模型，预测分析农田排水中合成外包料化学淤堵与渗透系数的演变过程，并评估改性防控的潜力；第 8 章探究暗管合成外包料表面改性与结构优化对化学淤堵过程的防控效果。

参与本书撰写的人员有：伍靖伟（第 1～2 章、第 7 章）、郭宸耀（第 3～6 章、第 8 章）。郭宸耀负责全书的统稿工作。本书研究团队的研究生杨皓瑜、李航、冯梦珂、覃帅、姚宸智、江欣蔓等参与了部分研究工作，作出了较大贡献。

本书的研究工作得到了武汉大学水利水电学院的黄介生教授、朱焱教授、林忠兵副教授、敖畅副研究员，新疆农垦科学院的何帅副研究员，武汉大学土木建筑工程学院的刘泽教授等的大力支持。本书的研究工作得到了国家自然科学基金重大项目（51790532）、国家重点研发计划课题（2021YFD1900804）、国家自然科学基金青年科学基金项目（52209067）的资助，在此一并表示感谢！

限于作者水平，本书难免有不完善之处，敬请同行批评指正。

作　者

2024 年 6 月 30 日于武汉珞珈山

目 录

第 1 章

绪　论

　　暗管排水工程是干旱区农业集约化、现代化的重要基础设施，也是土壤盐渍化防治的重要途径。但随着暗管运行年限的增加，暗管淤堵问题日益严重，暗管外包料淤堵可能导致排水排盐效果减弱，甚至完全失效。本章总结关于排水暗管外包料淤堵现象、风险、模型模拟、改性与结构优化的最新研究进展，并简要介绍本书的主要内容。

1.1 暗管排水应用与淤堵问题

粮食安全是国家安全的重要基础,特别是对于中国这样一个有着14亿人口的大国来说,解决好吃饭问题始终是头等大事(人民日报评论员,2021)。"十四五"规划纲要在安全保障方面首次设置"粮食安全"和"能源安全"指标,同时明确提出"坚持最严格的耕地保护制度,强化耕地数量保护和质量提升,严守18亿亩耕地红线"[①]。保障粮食安全的要害是种子和耕地。盐碱地作为中国主要的后备土地资源,对其进行改良和治理不仅可以缓解后备耕地减少的压力,还可以提高土地质量,助力粮食稳产增产(李山,2017;杨劲松,2005)。统计资料表明,中国各类可利用的盐碱地总面积约5.5亿亩,具有农业利用前景的盐碱地总面积为1.85亿亩,具备农业改良利用潜力的盐碱地面积为1亿亩(杨劲松和姚荣江,2015;杨劲松,2008)。西北干旱区是我国盐碱土分布的主要地区之一,其中新疆高达2430万亩耕地受到盐渍化的威胁,是中国盐碱土面积分布最广、种类最多样、改良最困难的典型区域,被称为世界盐碱土的博物馆(衡通 等,2019)。土壤盐碱化问题已成为制约当地农业可持续发展的重要因素(王振华 等,2015)。

常见的盐碱地治理措施有水利改良、农耕改良、化学改良和生物改良等(张雪辰 等,2017)。其中,水利改良作为一种被广泛应用的改良措施,遵循"盐随水来、盐随水去"的原理,采用灌水洗盐、排水除盐的措施将土壤中的可溶性盐渗入地下水中,通过明沟排水、暗管排水、竖井排水、鼠道排水和盲沟排水等方法排出农田(于宝勒,2021;窦旭 等,2020;钱颖志 等,2019;高长远,2001)。由于节水措施的大范围实施,不少地区的地下水位已经下降至田间排水沟沟底以下,明沟排水排盐作用减弱甚至失效,继续加大沟深既要耗费较多的劳力,增加沟渠坍塌风险,也不利于农业的现代化生产,如图1.1所示。暗管排水技术由于排水效果好、占地少和易维护等优点而得到了广泛的应用(窦旭 等,2020;Haj-Amor and Bouri,2019;衡通,2018;衡通 等,2018;李山,2017;王振华 等,2017)。

外包料是设置在暗管周围以保证暗管的透水性、防止暗管淤堵的强透水材料(刘文龙 等,2013;Stuyt et al.,2005)。然而,外包料在使用过程中难以避免地会遇到一定程度的淤堵问题,其既降低暗管的排水排盐效率,又增加暗管维护成本、减少暗管使用寿命(Guo et al.,2021,2020;Veylon et al.,2016;刘文龙 等,2013;Ghezzehei,2012;王少丽 等,2008;刘才良,1997)。合成外包料具有成本低、透水性强、经久耐用、便于"管滤一体"机械化施工等优点,越来越多地被暗管排水工程所采用,特别是在颗粒滤料不易获得的地区,作为合成外包料的土工织物被当作传统砂石过滤器的有效替代品(刘文龙 等,2013;丁昆仑 等,1994;丁昆仑,1990,1988)。近年来,随着高标准农田建设的推进以及铺管技术的进步,暗管排水技术在新疆逐渐得到推广和应用(Qian

---

① 1 亩≈666.7 m²。

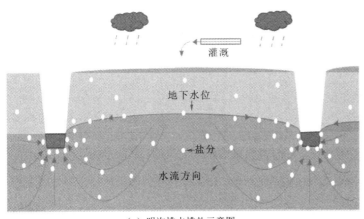

（a）明沟排水排盐示意图　　　　　　（b）干旱区排水沟　　　扫一扫，见彩图

图 1.1　明沟排水排盐示意图和干旱区排水沟

et al.，2021；钱颖志 等，2019；衡通 等，2019，2018；衡通，2018）。然而，在考虑外包料淤堵问题时，目前设计和施工的暗管排水工程能否达到预期的排水排盐目标和设计年限尚未得到解答。

根据淤堵物质的种类和淤堵发生的机制，淤堵可以分为物理淤堵、化学淤堵和生物淤堵（Stuyt et al.，2005）。物理淤堵由土壤流动导致，目前相关研究较为充分，且防控技术成熟（刘文龙 等，2013；丁昆仑 等，2000，1994；丁昆仑，1990，1988）。生物淤堵的发生通常需要特定的物理化学条件（Alizadeh et al.，2018；Yu and Rowe，2012；Cooke and Rowe，2008a；VanGulck and Rowe，2008；Feng et al.，2004；Halse et al.，1987）。生物淤堵主要存在于污水渗滤液收集系统，传统农业排水系统中有机物的浓度通常很低，不是造成淤堵的主要因素（Guo et al.，2020；Veylon et al.，2016）。化学或生化淤堵是盐分在外包料中沉淀所导致的，如赭石沉淀、镁盐沉淀、硫泥、硫化铁、石灰和石膏等，沉淀物类型取决于气候状况和土壤性质（Kim et al.，2020；Correia et al.，2017；Veylon et al.，2016；Nikolova-Kuscu et al.，2013；Mendonca et al.，2003；Vlotman et al.，2000）。关于化学或生化淤堵，研究最多的是铁沉淀，铁沉淀是微生物将水溶液中还原态的铁转化为不溶于水的氧化铁所导致的（Correia et al.，2017；Thompson et al.，2011；Mendonca and Ehrlich，2006；Mendonca et al.，2003；Palmeira and Gardoni，2002；Cooke et al.，1999；Rollin and Lombard，1988；Ford，1982）。干旱区土壤中盐分含量高，铁含量较少，而排水暗管外包料化学淤堵的发生往往由低溶解度盐分的沉淀导致（Nia et al.，2010；Stuyt et al.，2005）。目前关于盐分结晶沉淀等过程导致暗管外包料化学淤堵的研究多处于实践观察和规律归纳阶段。

因此，识别和量化干旱区暗管外包料中化学淤堵物质及其阻盐效应，研究化学淤堵过程及其影响因素，模拟化学淤堵与渗透系数协同演变过程，探究干旱区外包料化学淤堵的边界，并提出相应的防控措施是现阶段亟须开展的工作。本书所做研究可为干旱区暗管排水工程外包料的改性、优化、生产和筛选，以及排水工程的设计和后期维护提供技术支撑。

1.2　暗管外包料淤堵研究进展与趋势

1.2.1　外包料淤堵现象

暗管排水是将管壁上分布有小孔或者窄缝的管道埋入地下，利用灌溉或降雨淋洗土壤，使挟带盐分的水渗入地下，进入预埋的管道中，然后排出农田。为了提高暗管的排水效率，避免暗管被周围的土体颗粒侵入，通常在暗管周围设置高透水性的外包料（Stuyt et al.，2005）。在排水工程中，外包料应被视为一个区域，其不仅包括外包料自身，还包括外包料与天然土体的界面及外包料与排水材料之间的界面（Veylon et al.，2016；Stuyt et al.，2005）。在外包料的整个区域内，淤堵总是或多或少地存在，淤堵可由物理、化学、生物过程导致（Zhang et al.，2022；Kim et al.，2020；Veylon et al.，2016；Yu and Rowe，2012；Nia et al.，2010；Palmeira et al.，2008；Palmeira and Gardoni，2002）。

1.　物理淤堵现象

物理淤堵是伴随着土壤细颗粒在外包料内部淤堵或上游阻塞过程而发生的。土壤细颗粒在外包料内部的积累将导致其有效孔隙率和孔隙网络连通性逐渐降低，从而降低外包料的渗透性能（Palmeira and Trejos Galvis，2017；Yong et al.，2013；Lennoz-Gratin et al.，1993；Lennoz-Gratin，1987）。土体颗粒在两种介质界面的移动可以归纳为以下四种物理机制（Weggel and Dortch，2012；Weggel and Ward，2012；Ziems，1969）。

（1）自然过滤：外包料界面附近土体中的细颗粒在水流的作用力下穿过外包料，而大颗粒被保留形成骨架，一段时间后形成高透水性的自然过滤层。

（2）接触侵蚀：外包料界面附近土体中的所有土壤颗粒全部被水流带走，形成接触侵蚀，导致周围土体骨架结构改变，在界面附近形成大孔隙。

（3）土壤塌陷：外包料界面附近土体的黏结力和颗粒间应力小于水流的拖曳力时，土体产生塌陷。

（4）滤饼结构：当悬浮的细颗粒在土体和外包料界面或附近聚集时，会形成一层致密的土体颗粒层，可能导致滤饼的渗透系数小于原土体（Christopher and Fischer，1992）。

根据土体与外包料相互作用机制的不同，可以将物理淤堵分为阻塞、闭塞和淤堵。通常情况下，三种类型同时发生，并以其中一种类型为主（Rollin and Lombard，1988）。一般来说，由物理淤堵引起的排水和过滤性能的降低不会达到一个不可接受的临界值（Faure et al.，1999）。因为在过滤过程中，一旦周围的土壤发生固结，水的流速将会降低，从而减少了侵蚀，水头一般不会再降低（Faure et al.，2006）。针对排水暗管外包料的物理淤堵过程及其影响，国内外学者做了大量的研究工作。Luettich 等（1992）发现土工织物外包料相对于砂石滤料更有利于滤饼结构的形成。Bhatia 等（1994）对比了等量土壤颗粒在土体与外包料界面和外包料内部对外包料透水性的影响，结果表明等量土壤颗粒在土体与外包料界面形成的滤饼结构危害更大。Stuyt（1992a）对荷兰运行了 5 年的 45 个 30 cm 长的暗管段及其周围土壤进行了计算机断层扫描（computed tomography，CT），构建了三维模型，以探究与外包料物理淤堵相关的物理过程，发现 O_{90}（指外包料中 90%的孔径都小于该值的开孔孔径）是合成外包料设计的关键参数，对防止物理淤堵有显著影响。李富强等（2006）使用图像数字分析，提出了土工织物淤堵折减系数和压力折减系数，采用理论方法分析了淤堵对渗透系数的影响。李伟等（2013）建立了土工织物颗粒流反滤模型，分析了孔隙变化敏感性，并对土工织物物理淤堵试验中渗透系数峰值现象给出了解释。刘文龙等（2013）利用自制水力渗透仪，以黄河三角洲粉细砂土为研究对象，测试了 2 种型号土工外包料的适用性，发现满足 O_{90}/d_{90} 保留标准的土工外包料能够满足防堵要求，其中，d_{90} 指土壤颗粒中 90%的土粒都小于该值的土壤颗粒粒径。

在合成外包料物理淤堵的防控措施方面，各国研究者更是制定了数十种标准（朱江颖，2018；Stuyt et al.，2005）。大多数国家标准细则的制定都考虑了水流条件、土体特征和保土条件三个方面。水流条件方面主要包括水流方向和水力梯度；土体特征方面包括土体不均匀系数、保护土体的特征粒径和塑性指数；保土条件方面主要以土工织物的有效孔径与保护土体特征粒径的比例关系来表示（程兴奇 等，2009；李荣长和李雪梅，1995；徐力波，1995）。联合国粮食及农业组织（Food and Agriculture Organization of the United Nations，FAO）对各国的保留标准进行了总结，以 O_{90}/d_{90} 为指标，提出了推荐的保留准则，并在工程中得到了成功应用（Guo et al.，2020；Stuyt et al.，2005；Watson and John，1999；Stuyt，1992b）。

2. 生物淤堵现象

生物淤堵通常发生在特定的物理化学条件下，包括温度、pH、矿物质和有机物的浓度等（Fleming and Rowe，2004；Komlos et al.，2004；Vandevivere and Baveye，1992；Van Beek and Van der Kooij，1982）。多孔介质中的生物淤堵是由微生物本身及其胞外聚合物（extracellular polymeric substances，EPS）的积累引起的（Thullner et al.，2004；Seki et al.，1996）。Vandevivere 和 Baveye（1992）通过试验表明，含水介质的渗透性随着细菌 EPS 的增加明显降低。Thullner 等（2004）通过试验对比了微生物菌落和生物膜对介质渗透性的影响，发现微生物菌落对生物淤堵的影响更大。夏璐等（2014a，2014b）通过砂柱渗透试验发现生物淤堵程度随着渗流距离的增加而放缓，含水介质的渗透性具有较强的非均匀性，此外，进水营养液为好氧微生物的生长、繁殖提供了充足的营养和氧气，好氧微生物生长旺盛，并大量分泌 EPS，导致进水段微生物淤堵程度最严重。土工织物的生物淤堵常分为以下三个阶段：表面生物膜的形成、细胞分泌物的生成、生物结核的生长和相互联系（Veylon et al.，2016；Rowe，2005）。这些结构可以通过低溶解度硫化物和碳酸盐矿物的沉淀来达到稳定，随后土工织物孔隙率会由于土壤中细颗粒被截留而加速降低（Rohde and Gribb，1990）。野外调查和室内试验均表明生物淤堵是排水系统渗透系数下降的主要原因（Nikolova-Kuscu et al.，2013；Fleming et al.，2010；Palmeira et al.，2008；Mcisaac and Rowe，2006；Fleming and Rowe，2004；Cooke et al.，1999）。然而，在传统的暗管排水工程中，因为水溶液中有机物的浓度较低，生物淤堵通常不被视为一个重要问题（Veylon et al.，2016）。

3. 化学淤堵现象

化学淤堵是由于盐分的沉淀而发生的，这些沉淀物主要有碳酸钙、硫酸钙、碳酸镁、碳酸钙镁和铁赭石等（Correia et al.，2017；Vlotman et al.，2000）。赭石沉淀是造成湿润温带地区化学淤堵的重要原因，几十年来国内外学者对其进行了系统的研究（Smedema and Rycroft，1983；Ford，1982）。观测分析发现，受化学因素和生物因素作用，在铁细菌的参与下，溶于水中的 Fe^{2+} 和 Mn^{2+} 随排水过程进入暗管，接触氧气后被氧化成不溶于水的铁锰氧化物，沉积在管壁和外包料的孔隙中，形成结核或铁膜，同时通过离子交换吸附水中的 Fe^{2+} 并将其氧化成 Fe^{3+}，使吸附能力再生，随着结晶沉淀的不断进行，淤积物越来越厚，局部或完全淤堵排水暗管上的进水孔，还可能把排水暗管周围的外包料及土体不同程度地胶结，形成化学淤堵，严重时可以完全淤堵排水暗管上的进水孔，把排水暗管外包料胶结成不透水的密实体（武君，2008；孔丽丽和陈守义，1999；刘才良，1997；Ford，1982）。

研究还发现，铁化合物淤堵的位置可以在紧邻暗管的土壤中、外包料中、暗管开孔中及管道内，也有不少在波纹暗管的凹槽内（Stuyt et al.，2005）。其影响程度不仅与土壤质地、土壤结构、离子含量、pH、细菌活动、有机质含量、土壤温度、地下水化学性质和流动速度有关，还与管材和外包料性质有关（Stuyt et al.，2005；Vlotman et al.，2000；刘才良，1997）。此外，铁化合物引起的化学淤堵主要发生在酸性土壤中，碱性土壤中可溶性的 Fe^{2+} 非常少，因此在埃及、伊拉克、巴基斯坦、我国西北等干旱区很少有暗管铁化合物淤堵事件发生。

干旱区土壤盐分含量高且普遍富含钙离子，但是截至目前，钙离子引起的农田排水暗管化学淤堵现象仅有少量报道，因此深入研究很少。Dennis（1982）发现暗管砂砾石反滤层或其回填土壤中存在碳酸钙，当 pH 小于 5.8 时可能造成淤堵问题。Nourredine（1998）发现突尼斯北部的排水暗管开孔被土壤颗粒和碳酸盐淤堵。在比利时和法国高含盐土壤的排水暗管中发现碳酸钙在砂砾石反滤层中结晶并黏结在一起，形成不透水体（Vlotman et al.，2000）。Mahdi 等（2009）发现伊朗排水暗管中的碳酸钙由于低溶解性很快在管壁沉淀形成坚硬的结晶层，淤堵管道。为评估钙离子引起的暗管淤堵风险，Nia 等（2010）针对钙离子在土壤环境中可能发生的主要化学反应，采用里兹纳饱和指数（Ryznar saturation index，RSI）、朗热利耶饱和指数（Langelier saturation index，LSI）和史蒂夫-戴维斯饱和指数（Stiff-Davis saturation index，S-DSI）三个指标量化了伊朗西南部暗管排水系统的碳酸钙沉淀结晶可能性，这些指标与钙离子浓度、碳酸氢根离子浓度、离子活性、溶度积常数、均衡常数等参数有关。并且，其在挖掘暗管段外包料的扫描电子显微镜（scanning electron microscope，SEM）图像中发现了碳酸钙沉淀，对评价指标进行了验证。

微溶盐的沉积可能是一个化学过程,结晶的沉积物堆积过程较为缓慢,因此只有在很长一段时间后才会出现不利影响(Stuyt et al.,2005)。受试验时长的限制,学者在室内对土工织物渗透系数与淤堵过程关系的探究,多以物理淤堵、生物淤堵或以铁元素为主的化学淤堵为研究方向,对微溶盐缓慢沉积过程导致的淤堵研究较少(Yu and Rowe,2012;Stuyt et al.,2005)。在微溶盐沉淀风险地区长期使用的排水工程中获得原始土工织物进行研究,是克服室内试验条件局限的有效手段。然而,排水工程长期服役后其原始土工织物不易获取,因此淤堵对渗透性下降的影响无法对比。

当溶液中钙离子化合物的浓度过高,超过其溶解度时,微溶性的碳酸盐将会沉淀(Stuyt et al.,2005)。另外,排水暗管外包料孔隙中的碳酸钙沉淀也会由碳酸氢钙$[Ca(HCO_3)_2]$通过损失二氧化碳(CO_2)而生成,这是因为当水流经土体-合成外包料界面时,地下水压力的下降或流态的变化会破坏水溶液中 $CaCO_3$—$Ca(HCO_3)_2$ 体系的平衡(Larroque and Franceschi,2011;Houben,2004)。由此可见,水溶液中碳酸钙沉淀的发生与溶液条件和水动力因素都可能有关。已有研究表明,溶液饱和度是控制碳酸钙结晶沉淀的唯一因素(Noiriel et al.,2016)。高 pH、温度和离子活性均能提高溶液饱和度,有利于碳酸钙的沉淀(Noiriel et al.,2016;Spanos and Koutsoukos,1998;Aagaard and Helgeson,1982)。当考虑溶液水动力学因素时,碳酸钙的结晶沉淀速率会出现相互矛盾的结果。Nancollas 和 Reddy(1971)发现碳酸钙结晶沉淀速率与搅拌速率无关。但部分研究表明,较高的流速会增加碳酸钙沉淀的速率(Muryanto et al.,2014;Quddus and Al-Hadhrami,2009)。因此,有必要进一步确定溶液水动力学对合成外包料纤维上晶体析出速率的影响。

已有研究表明,方解石的成核和生长与基底性质密切相关。例如,Quddus 和 Al-Hadhrami(2009)研究发现碳酸钙结构紧凑地吸附在不锈钢表面,晶体的生长开始于衬底表面上的成核位点,然后随机向各个方向扩展。Stockmann 等(2013,2011)研究发现方解石很容易在透辉石表面沉淀,但不会在玄武岩玻璃表面沉淀。Noiriel 等(2016)研究发现碳酸钙在方解石表面的结晶为均匀覆盖的一层,在玻璃珠表面呈稀疏的菱形结晶,在霰石表面呈现多核多面体覆盖。合成外包料由高分子材料制成,具有与矿物和金属不同的表面性质。Kim 等(2020)研究发现以碳酸钙为主的聚集沉淀是造成土工织物淤堵的主要原因,但没有明确离子溶液在织物纤维上的结晶形式。多孔介质中结晶沉淀的形式对渗透系数有较大影响,Ghezzehei(2012)采用圆柱孔模型,评价了均匀沉淀与非均匀沉淀模型渗透系数的差异,这种差异最大能够达到 3 个数量级。因此,需进一步探究土工织物中碳酸钙结晶沉淀的形式。

合成外包料的孔径特性是评估渗透系数的重要参数(Ni and Zhang,2013;Fleming and Rowe,2004;Miller and Tyomkin,1986),以往的研究主要集中在合成外包料压缩或物理淤堵后的孔径特性。目前,尚未见到关于量化结晶沉淀对合成外包料孔径特性影响的研究(Kim et al.,2020;Palmeira and Trejos Galvis,2017;Jang et al.,2015)。在多孔介质中,碳酸钙的沉淀可以改变孔隙的形状、大小、连通性、孔隙率和粗糙度,进而改变多孔介质中溶液的流动性和渗透率。反之，多孔介质渗透率的变化也会对多孔介质的流场分布和溶质迁移过程产生反馈，进而对结晶沉淀过程产生影响（Steinwinder and Beckingham，2019；Hommel et al.，2018；Noiriel et al.，2016；Veylon，et al.，2016）。目前的研究通常只考虑淤堵对合成外包料渗透系数和孔隙分布的影响，渗透系数对晶体沉淀的影响需要进一步探究（Kim et al.，2020；Schulz et al.，2019；Noiriel et al.，2016；Lindquist et al.，2000）。

另外，已有研究表明，外包料淤堵的过程应该考虑土壤颗粒从土体向外包料的迁移，以及与外包料紧邻的土体颗粒移动所形成的滤饼、过滤桥等土壤结构，外包料不仅仅是它本身，更应该被视为一个区域（Kim et al., 2020；Veylon et al., 2016）。这个现象是否适用于化学淤堵过程有待进一步探究。

由试验研究不难看出，由于微溶盐化学淤堵形成过程的长期性和影响因素的复杂性，截至目前，这部分研究还停留在试验观测和规律总结阶段，尤其是关于干旱区以合成外包料为基底的低溶解性盐分淤堵机理的研究还非常不充分（Nia et al.，2010；Stuyt et al.，2005），有必要通过开展野外调查和室内试验来确定干旱区合成外包料的淤堵特征及其阻盐效应、合成外包料上碳酸钙结晶沉淀的形态及其影响因素，以及结晶沉淀与渗透过程之间的互馈关系。同时，受试验方法的限制，仅仅通过试验手段很难对合成外包料表面的结晶沉淀过程进行准确描述，也难以对不同条件下合成外包料化学淤堵的边界进行预测和探究，设法构建一个可以量化合成外包料化学淤堵与渗透系数协同演变过程的模型是解决上述问题的有效手段。

1.2.2 外包料淤堵风险

1. 物理淤堵风险

土壤质地通常是指土壤的粒度分布，常被作为评估暗管周围是否需要包裹外包料的标准。在渗流拖曳力的作用下，土颗粒会有随着水流迁移的趋势，对于结构稳定的土壤，在持续的渗透作用下不会出现大量的土颗粒迁移现象。一般认为，当土壤黏粒含量不低于20%~30%，或土壤中黏粒含量与粉粒含量的比值（简称土壤黏粉比）大于0.5，或土壤的不均匀系数 C_u＞15，或土壤的塑性指数 I_p＞12 时，土体内部结构达到稳定。当土壤不具备这四种特征之一时，土体内土颗粒在持续的渗流作用下极有可能会出现集体迁移的现象，如果不包裹合适的外包料，就有造成土颗粒大量迁移并且淤堵暗管的风险。由此可见，基于土壤质地来评估外包料的物理淤堵风险对于暗管排水工程的合理设计和健康运行至关重要。目前，土壤不均匀系数 C_u 和土壤黏粉比常被应用于外包料物理淤堵的风险评估（Hollmann and Thewes，2013；Gallichand and Marcotte，1993）。C_u 被定义为 $C_u = d_{60} / d_{10}$，其中 d_{60} 和 d_{10} 分别表示土壤中60%和10%的土壤颗粒的直径小于该颗粒直径（m）。当 $1 < C_u < 5$ 时，土壤非常均匀，级配较差，对侵蚀非常敏感；$5 \leqslant C_u \leqslant 15$，土壤相对均匀，对侵蚀较为敏感；$C_u > 15$，土壤无侵蚀危险（Olbertz and Press，1965）。

土壤黏粉比 =黏粒含量/粉粒含量。当土壤黏粉比>0.5 时，物理淤堵风险较低；当土壤黏粉比≤0.5 时，物理淤堵风险较高（Dieleman and Trafford，1976）。

2. 化学淤堵风险

化学淤堵的形成需要一定的化学物质来源和环境特征，学者提出了很多指标来评估化学沉淀的风险。RSI 由 Ryznar（1944）提出，并被定义为 $RSI=2pH_s-pH$，其中 pH 是水样的测量 pH，pH_s 是碳酸钙的饱和 pH。当 RSI≥7 时，不存在碳酸钙沉淀风险；当 6≤RSI<7 时，碳酸钙沉淀风险很低；当 5≤RSI<6 时，碳酸钙沉淀风险中等；当 4≤RSI<5 时，碳酸钙沉淀风险较高；当 RSI<4 时，碳酸钙沉淀风险很高。LSI 由 Langelier（1946）提出，被定义为 $LSI=pH-pH_s$。当 LSI<0.0 时，不存在碳酸钙沉淀风险；当 0.0≤LSI<0.5 时，碳酸钙沉淀风险很低；当 0.5≤LSI<1.0 时，碳酸钙沉淀风险中等；当 1.0≤LSI≤2.0 时，碳酸钙沉淀风险较高；当 LSI>2.0 时，碳酸钙沉淀风险很高。S-DSI 是基于 LSI 提出的针对高溶解性固体总量（total dissolved solids，TDS）浓度水的饱和指数，定义式与 LSI 相同，但 pH_s 的计算方式不同（Stiff and Davis，1952）。此外，饱和指数（saturation index，SI）也常被用于化学沉淀敏感性的评价，定义为 $SI=\lg(IAP/KT)$，其中 IAP 表示离子活度积，即实际参与反应的离子浓度的乘积（Tiselius，1984），KT 表示溶解度常数，其定义为沉淀与溶解达到平衡状态时离子浓度的乘积（Fein and Walther，1989）。当 SI<-0.5 时，溶液是不饱和的；当-0.5≤SI≤0.5 时，溶液是准平衡的；当 SI>0.5 时，溶液是过饱和的（Deutsch，1997）。Nia 等（2010）利用 RSI、LSI 和 S-DSI 三项指标对伊朗多个地点排水暗管中碳酸钙的沉淀淤堵风险进行了评估，并进行了取样验证。Guo 等（2020）使用 SI 对灌排水样中各矿物相的饱和程度进行评估以判断排水暗管是否存在碳酸钙沉淀风险并进行了验证。其中，RSI 取决于 pH、HCO_3^- 浓度、Ca^{2+} 浓度和温度等多种因素，对碳酸钙的沉淀风险进行了更合理的评估，相较于其他指数，RSI 能够更好地评估碳酸钙的沉淀风险（Nia et al.，2010）。

3. 生物淤堵风险

生物淤堵是指微生物、藻类等大量繁殖并产生分泌物或根系生长导致的淤堵（Stuyt et al.，2005），常常伴随着化学淤堵发生，故也称为生化淤堵。环境的 pH、微生物含量、土工织物类型和离子状态等均会影响铁的水化物和生物膜聚合淤堵，但其对外界环境的要求比较严格，在干旱区盐渍土壤中并不常见（Alizadeh et al.，2018；VanGulck and Rowe，2008；Cooke and Rowe，2008b；Feng et al.，2004）。

1.2.3　外包料淤堵模拟

目前暗管外包料对排水排盐的影响研究，基本上都是将其作为地下水、土壤水运动的边界条件予以考虑，而很少描述水盐在土壤-外包料-管道不同界面间及介质内部的迁移与生物化学等关键过程。所得结果虽然适用于大多数田间情况，但不能描述外包料淤堵对排水排盐过程的影响，特别是长期效应，这影响了暗管排盐效果的持续改进。为评估合成外包料淤堵对暗管排盐效果的影响，建立合理描述淤堵过程的数学模型是准确表征合成外包料阻盐效应的重要手段。

1. 外包料渗透特性模拟

外包料淤堵模型建立的首要条件是对外包料渗透特性的准确量化。排水暗管合成外包料渗透特性的量化均以达西（Darcy）定律为基础，将合成外包料概化为不同的物理模型进行模拟，最常用的两种方法是将合成外包料渗透系数模型概化为毛细管模型和阻力模型（刘丽芳等，2003；刘丽芳，2002；Mao and Russell，2000a，2000b；贝尔，1983；Masounave et al.，1981）。

毛细管模型是将合成外包料孔隙和纤维分别概化为毛细管和管道壁，以管道流为理论基础，将孔径的分布等效为孔隙的分布，将合成外包料视为一系列平行排列或随机排列的毛细管束，以经典的柯兹尼-卡曼（Kozeny-Carman，K-C）方程为代表（Mao and Russell，2000a，2000b）。然而，毛细管模型不适用于孔隙率较高的介质，当孔隙率超过80%时，合成外包料纤维间距离较远，多孔介质孔隙间的吸引力下降，无法概化为毛细管（刘丽芳，2002）。

阻力模型则将合成外包料纤维视为分散于流体中的独立单元体，以纳维-斯托克斯（Navier-Stokes）方程为基础得到单位长度纤维上的作用力，单位体积内纤维上的作用力总和等于合成外包料对流体的总阻力（Mao and Russell，2000a；Lawrence and Shen，2000；Drummond and Tahir，1984；Masounave et al.，1981；Carman，1956）。阻力模型更适用于合成外包料等纤维多孔介质（刘丽芳，2002）。

2. 淤堵过程模拟

按照淤堵机制和淤堵物质的不同，可以将外包料淤堵模型分为物理淤堵模型、化学淤堵模型、生物或生化淤堵模型（Kim et al.，2020；Weggel and Ward.，2012；Weggel and Dortch，2012；Yu and Rowe，2012；Cooke and Rowe，2008a；Faure et al.，2006；Thullner et al.，2004；Cooke et al.，1999；Masounave et al.，1981）。物理淤堵模型用于模拟合成外包料内部颗粒堆积及其对渗透系数的影响。Faure 等（2006）以勒科克（Le Coq）模型为基础，将土工织物中颗粒积累的过程分为串联积累和并联积累，并通过悬浮液微粒试验对模型进行了校验。刘丽芳（2002）以土工织物阻力模型为基础，建立了土工织物孔径分布与过滤性能的数学模型，计算了土壤颗粒通过多层结构织物的概率及淤堵于土工织物中的土壤质量，并对其淤堵后的渗透性能进行了验证。Yong 等（2013）基于压缩时间的室内试验，以三种常见的多孔材料为研究对象，建立了一个以淤堵物质体积及气候条件为函数的简单黑箱回归模型来预测物理淤堵，描述了淤堵过程外包料渗透系数的基本趋势。Weggel 和 Dortch（2012）基于滤饼试验，以垂直水流通过两层系统的方程为基础建立了合成外包料滤饼模型。周蓉和刘逸新（2001）通过对不同规格土工织物的重复试验,对土工织物的淤堵程度用时间序列法进行了定量分析并预测了其渗透性能。李识博(2014)利用颗粒流方法,量化了淤堵过程中渗透变形的机理,并通过追踪单个颗粒的运移路线,发现土体颗粒在骨架孔隙中运动迁移使得试样孔隙率逐渐降低。总之,已有的合成外包料物理淤堵模型可以较好地模拟合成外包料的物理淤堵过程及其对渗透系数的影响。

生物淤堵模型主要用于预测渗滤液系统中排水暗管外包料上微生物及其分泌物的聚集和渗透系数的变化。Cooke 等(1999)以柱试验为基础,提出一个生物化学驱动的矿物沉淀模型,对试验柱不同位置、不同时间内部生物量的积累进行了模拟和解释。Thullner 等(2004)建立了包括生物淤堵在内的地下水反应输运模型,以二维流场生物淤堵的试验结果为数据库,验证了模型的模拟结果。研究表明,为了得到更好的模拟结果,应在孔隙尺度上将多孔介质视为多维介质,并且假设生物量生长为不连续的菌落而不是均匀的生物膜。Cooke 和 Rowe(2008a)建立了一个二维的流体流动和反应传输模型——BioColg 用于计算淤堵物数量和组成的时空变化,并与运行了 6 年和 12 年的垃圾渗滤液收集系统中淤堵物质的数量和分布与试验观测值进行对比。Yu 和 Rowe(2012)提出了一种预测城市生活垃圾渗滤液收集系统中生物淤堵的数值模型,该模型假设生物膜在织物纤维上均匀生长,对悬浮颗粒的沉淀和沉积过程进行了模拟,同时模拟了淤堵物在多孔介质中通过生物量的增长和矿物质的沉淀而积累的过程,模拟结果优于已有的模型。Abbasi 等(2018)通过构建数值模型来量化生物淤堵导致的试验柱渗透性降低的程度,模型以土壤初始微观结构的二维扫描图像来模拟周围均匀覆盖的生物膜的生长,使用纳维-斯托克斯方程和布林克曼(Brinkman)方程来量化生物膜内水流的流动。

化学淤堵模型主要用于量化化学淤堵物质在多孔介质中的生长动力学过程,以及对多孔介质流场分布、连通性、孔隙粗糙度和渗透系数的影响。常见的化学淤堵模型主要用于描述尾矿坝或排水井上铁及其化合物的沉淀过程(Larroque and Franceschi,2011;武君,2008;Houben,2004;孔丽丽和陈守义,1999)。这些模型主要分为两类:一类以铁及其化合物的动力学过程为基础,基于已有模型进行模拟。例如,Larroque 和 Franceschi(2011)以 PHAST 模型为基础,利用氧化铁的沉淀量和分布来计算渗透系数下降程度以及抽水井排水能力损失量。另一类是将不同条件下化学物质在多孔介质中的生长过程概化为淤堵物质的截留过程。例如,武君(2008)利用柱试验模拟氢氧化铁悬浮液流入石英砂柱后引起的淤堵现象,再获得氢氧化铁悬浮液浓度、渗透系数、水动力弥散系数、孔隙率和干密度之间的关系,建立描述多孔介质淤堵过程的渗流和溶质运移的耦合模型。关于排水暗管外包料钙镁等微溶盐的结晶沉淀过程的研究较少,相关参数及机理机制尚不清晰,相关的模型研究也较少。但相近领域关于钙镁等微溶盐化学淤堵的研究工作,可以为本领域的研究提供一些思路。例如,Ghezzehei(2012)研究发现多孔介质中,化学沉淀物的分布和形态对渗透系数有显著影响,均匀沉淀模型和非均匀沉淀模型在渗透系数的计算方面存在 3 个数量级的差异。张钟莉莉(2016)以克恩-西顿(Kern-Seaton)污垢预测模型为基础,将污垢的生长过程与灌水器流道的几何参数和水流特性综合考虑，建立了描述灌水器化学淤堵物质生长的动力学模型。Kim 等（2020）将暗管排水外包料中碳酸钙的淤堵等效为碳酸钙颗粒的淤堵，并通过试验进行验证，试验没有考虑淤堵物质的化学生长过程。

1.2.4　外包料改性与结构优化

1. 外包料遴选和设计

暗管外包料的选择和设计是暗管排水工程设计中至关重要的环节，是暗管排水作用持续发挥的关键。暗管外包料种类的选用通常要综合考虑排盐效果、自然条件、市场条件、施工条件、经济条件、使用寿命、维护管理等因素（Stuyt et al.，2005）。以砂砾石、沸石等颗粒体组成的第一代传统外包料在使用过程中的相关标准和规范已被制定并得到应用（刘杰和谢定松，2017；史良，2011；姜树海和范子武，2008；Vlotman et al.，2000；U. S. Army Corps of Engineers，1941）。然而，级配良好的颗粒外包料在很多区域是缺乏的，并且安装困难，成本高，迫切需要一种新型的轻质替代品（刘文龙 等，2013；丁昆仑，1988）。为了进一步降低成本，简化安装程序，以条形外包料为主的第二代外包料，逐渐取代了第一代的颗粒外包料，这类外包料以亚麻、稻草和椰子纤维为主要组成材料，在施工过程中可以在管道上滚动安装。随着波纹管的生产和使用，可在安装前预先包裹暗管的有机外包料逐渐替代了条形外包料。然而，有机外包料有被微生物降解的风险，因此以合成外包料为代表的第三代外包料得到快速发展（刘文龙 等，2013；鲍子云 等，2007；丁昆仑 等，2000；梁干华和陈祖森，1990；丁昆仑，1990，1988）。

排水暗管合成外包料的使用寿命受多种因素的影响，主要表现为分离、加固、过滤、排水和保护性能等的变化（Koerner，1998）。理想的暗管外包料可以有效限制沉淀物的流入、提供高渗透环境，保证暗管周围土壤的稳定性，且不会随着时间推移被淤堵或者淤堵程度在可接受的范围内。目前暗管排水工程对合成外包料寿命的评估多从外包料纤维的耐久度指标出发，然而，这不能正确反映排水暗管上合成外包料的使用寿命，因为在合成外包料使用过程中，纤维没有破坏时，过滤和排水性能仍可能发生变化（Veylon et al.，2016）。淤堵是影响暗管排水工程运行过程中外包料渗透性能的主要原因（Guo et al.，2020；Nikolova-Kuscu et al.，2013；Cooke and Rowe，2008b；Palmeira and Gardoni，2000；Ford，1982）。

为了防止暗管外包料淤堵，提高其排水排盐性能，国内外研究者针对不同的外包料进行了大量试验和理论研究，制定了许多暗管外包料设计、选择和优化的准则和规范。针对使用年限最长的砂砾石外包料，提出了太沙基（Terzaghi）准则、美国垦务局准则及谢拉德（Sherard）准则等，并在实际工程中取得了良好效果（闵凡路 等，2020；刘杰和谢定松，2017；Waller and Yitayew，2016；史良，2011；姜树海和范子武，2008；Ritzema et al.，2006；Stuyt et al.，2005；孙胜利 等，2000；Ritzema，1994；Dierickx，1993）。

针对被广泛应用的合成外包料，联合国粮食及农业组织、荷兰瓦格宁根大学与研究中心等做了大量工作，全面研究了排水暗管外包料的选取、设计与施工技术，提出了判断合成材料能否满足需求的预测方法和选择指南（Stuyt et al.，2005；Vlotman et al.，2000；Lennoz-Gratin et al.，1993）。中国水利水电科学研究院等机构通过开展排水暗管外包料一维和二维试验研究，提出了适宜于当地暗管排水的无纺土工织物指标和选择方法，为宁夏银北排水暗管外包料的选择提供了依据（丁昆仑 等，2000，1994；丁昆仑，1990，1988）。同时，针对某些地区的特殊环境，相关单位对外包料也做了专门的测试研究。例如，梁干华（1985，1982）及梁干华和陈祖森（1990，1987，1986，1984）针对新疆盐渍化土壤，对纤维滤料和有机滤料做了耐腐、耐盐性田间试验，发现植物纤维材料耐盐性差别很大，选用植物纤维滤料必须做好选料工作，玻璃纤维只能在土壤和地下水不含铁或含微量铁时使用，波纹暗管将弹力丙纶地毯丝作为外缠滤料比较合适。总体而言，合成外包料的选择主要以防堵和透水为目标，并使用材料厚度、单位面积质量、开孔直径 O_{90}、渗透系数等指标进行量化。然而，这些指标的获取多以试验为基础，较为独立，没有从合成外包料自身的性质出发对合成外包料指标间的相互关系进行量化。

2. 外包料结构优化和改性

近年来，研究者开始从材料学角度出发，通过物理、化学、物理化学等手段对土工材料结构及其界面进行改性，以满足不同的目的。例如，Massom 等（1997）通过在椰壳纤维上添加腰果壳油保护涂层来改变界面特性，使得纱线的吸湿性降低，疏水性得到改进，抗拉强度提高 17%，具有更好的土工性能。郑康等（2004）采用在液相表面改性处理纳米碳酸钙粉体、添加聚丙烯相容剂（polypropylene compatibilizer，PP）的方法，熔融共混改性 PP，起到了很好的增强增韧效果。刘丽芳（2002）基于渗透系数的基本原理从纤维结构出发建立了土工织物渗透和过滤性能模型，并提出了一种新的防堵材料，但这种新型防堵材料以防止土壤颗粒的淤堵为目的，未考虑化学淤堵的影响。

目前常见的防治化学沉淀的方法主要有：改变系统设计或操作参数等使溶解盐的浓度低于结垢阈值的工艺方法（Müller-Steinhagen et al.，2011）；利用晶种技术、超声波和电磁技术等防止盐分沉积的物理方法（Nishida，2004；Cho et al.，1998）；利用离子交换、酸洗和化学药剂等去除或抑制盐分结晶沉淀的化学方法（Kamal et al.，2018；Mauricio et al.，2017；Branzoi et al.，2014）。这些措施在地热水管道、换热器和油田化工领域得到了广泛的应用和验证，但是需要耗费能源或安装复杂的设备，且部分措施会对环境造成污染（Popuri et al.，2014）。因此，通过改变材料表面特性，从源头上减少结垢、减弱结晶黏附的表面改性技术越来越得到人们的重视（Sousa et al.，2020；Qian et al.，2017）。

接触角是影响结晶沉淀在材料表面附着的关键参数，反映液体介质与固体表面的相互作用情况（Chen et al.，2016；Escobar and Llorca-Isern，2014；Bargir et al.，2009；Good，1992）。已有研究表明，呈疏水性的涂层材料在防垢方面具有良好的效果，超疏水材料低表面能与表面空穴气体效应是疏水材料防垢的关键（Qian et al.，2020；Li et al.，2016；Cheong et al.，2013）。但也有研究者提出了不同的观点，他们指出结垢与疏水性之间没有严格的关系，疏水性并不是越高越好（Chen et al.，2012；Zhao et al.，2002）。由此可见，材料亲疏水性与结晶沉淀之间的关系仍然存在争议。

综上所述，需要从材料结构和性质本身出发，确定能够用于量化合成外包料化学淤堵及其对渗透系数影响的指标，为进一步的材料改性和结构优化提供理论支撑。

1.3 本书的主要内容

本书从干旱区排水暗管合成外包料中存在的化学淤堵现象出发，针对相关规律、机理和现有模型研究的不足，运用风险评估、野外调查、室内测试、理论分析及模型模拟相结合的研究方法，开展干旱区排水暗管外包料化学淤堵机理与改性防控研究，以明确合成外包料化学淤堵的基本特征、影响因素及阻盐效应，从微观层面揭示合成外包料和包料区中结晶沉淀的形成发展机制，建立合成外包料和包料区的化学淤堵与渗透系数协同演变模型，实现暗管排盐水盐运动过程与淤堵形成过程的定量表征，并提出防止干旱区排水暗管化学淤堵的有效措施，从而为干旱区暗管排水工程的设计、管理和维护提供理论与技术支持。具体内容包括以下 5 个方面。

（1）量化暗管合成外包料的淤堵特征与阻盐效应。选择不同运行年限的暗管排水工程区，取样分析暗管合成外包料的淤堵物质组成，量化淤堵对外包料孔隙特征和渗透系数的影响，评估暗管外包料的淤堵风险。

（2）解析暗管合成外包料化学淤堵的影响因素与规律。在暗管淤堵特征与阻盐效应研究的基础上，开展暗管合成外包料的室内静态与流动结晶沉淀试验，进一步探究盐分在外包料上的结晶形态、沉淀过程、影响因素及其对渗透系数的影响规律。

（3）构建暗管合成外包料化学淤堵与渗透系数协同演变模型。结合合成外包料化学淤堵对渗透系数的影响规律，以碳酸钙生长模型和外包料阻力模型和盐分结晶沉淀理论为基础，剖析化学淤堵对渗透系数的影响机制，建立合成外包料化学淤堵与渗透系数协同演变模型。

（4）构建暗管包料区化学淤堵与渗透系数协同演变模型。基于石英砂柱穿透试验，探求包料区结晶沉淀的分布特征及化学淤堵的时空演变规律，构建包料区化学淤堵与渗透系数协同演变模型。

（5）探究防止合成外包料化学淤堵的有效途径。基于构建的合成外包料和包料区化学淤堵与渗透系数协同演变模型，开展化学淤堵的全局敏感性分析，确定影响化学淤堵的主要因素，对化学淤堵影响下暗管合成外包料的使用寿命进行预测，探究防止化学淤堵的有效途径。

根据本书研究内容，绘制技术路线图，如图 1.2 所示。

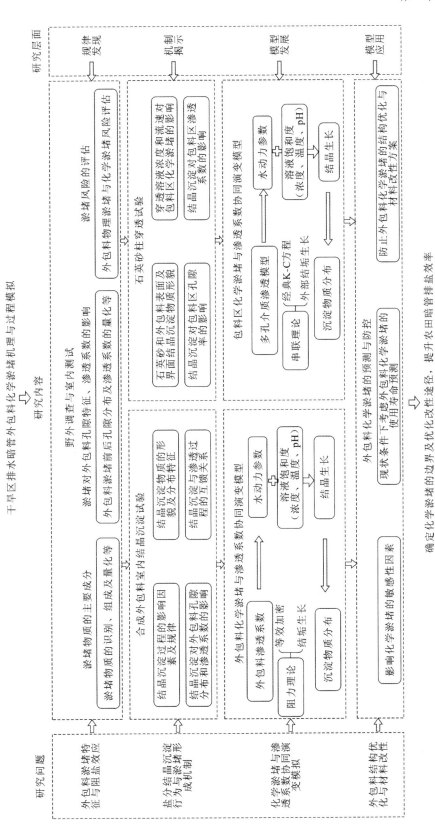

图 1.2 技术路线图

第 2 章

干旱区排水暗管合成外包料淤堵风险

为了评估干旱区排水暗管合成外包料的淤堵风险，依据新疆土壤质地分布及地下水理化性质，利用物理、化学淤堵风险评估指标评价新疆流域范围内物理、化学淤堵风险，并利用熵权法确定各指标权重，建立复合淤堵风险评估指标，绘制相关风险图谱，分析淤堵的影响因素及风险演变趋势。

2.1 研 究 区

2.1.1 研究区自然概况

研究区位于中国西北典型干旱区新疆（北纬 34°22′～49°10′，东经 73°40′～96°23′）。新疆地处中国西北部，为大陆性干旱气候区，降水稀少，蒸发强烈，干燥炎热，土壤中淋溶作用微弱，地面蒸发作用强烈，大量的盐分被带至地表积累，导致盐渍化问题特别严重（王振华 等，2015）。

新疆尚处于含盐风化壳阶段，所以在洪水或者经常性水流作用下，溶解度小的碳酸盐容易在山前洪积扇或冲积平原上部沉淀下来，易溶性的盐分在洪积扇或冲积平原下部沉淀，氯化物或硫酸盐在扇缘带以下沉淀，在此自上而下的盐分沉积作用下，大量的盐分输入盆地，使得新疆盐源特别丰富（顾国安，1984）。新疆因中部天山山脉的横亘，南疆、北疆气候有较大差异，北疆多年平均降水量为 100～200 mm，多年平均蒸发量为 1000～2 000 mm；南疆多年平均降水量不足 100 mm，多年平均蒸发量为 2 000～4 000 mm，盐渍化程度和盐渍土类型也因此有所差异。北疆土壤盐分剖面具有明显的年际变化，土壤盐分以硫酸盐和氯化物-硫酸盐为主，南疆土壤盐分剖面没有明显的年际变化，土壤盐分以氯化物和硫酸盐-氯化物为主（李小东 等，2016；阿依努尔·提力瓦力迪，2013）。新疆是典型的荒漠绿洲灌溉农业区，该地区 95%的播种面积需要灌溉，在面积广大的盐碱地上进行灌溉时，对农田土壤进行压盐和洗盐是保证农田可持续利用的关键（王鹤亭，1963）。

2.1.2 研究区灌排条件

中华人民共和国成立以来新疆各地开始大规模开荒造田，1949～2018 年，全疆耕地面积已从 $1.20×10^6$ hm^2 扩大至 $5.24×10^7$ hm^2，但由于生产力水平不高、灌溉方式落后以及自然环境的限制，土壤盐碱化问题突出，严重制约了经济的发展。最初的盐碱土改良源于农业生产需求，采用土地平整、深翻晒垡、种植水稻、客土回填、抬高地形等方法。人们根据长期生产经验总结出水盐定向改良的方法，即大水漫灌洗盐、明沟排水、竖井排水等。在此基础上，进一步发明地下暗管排水技术和干排水技术，即通过建立合理的淋排配套系统，有效控制地下水位，改善土壤盐害以及水气状况。其中，明沟排水具有投资少、泄流能力大和施工简单等特点，自中华人民共和国成立以来便成为最主要的农田排水措施。竖井排水是随着地下水大量开采而产生的一种集灌溉和排水排盐于一体的农田排水技术，竖井排水在水文地质条件允许的地区得到推广，但对一些土壤土质较差、地质结构复杂、地下水位较深的垦区来说并不适用。暗管排水技术利用地表淡水淋洗土壤，水分经过入渗挟溶质进入埋设于土壤一定深度和坡度的吸水管，再由集水井、集水管汇入明沟内。干排水技术是灌水事件发生后，耕地土壤中的盐分被淋洗到地下水中，形成了耕地与非灌溉荒地之间的地下水水力梯度，地下水挟带大量盐分向荒地迁移，在蒸发作用下盐分随着水分进入荒地并滞留（郭珈玮 等，2023）。暗管排水技术不仅可以有效控制地下水位、排出土壤盐分，还具有占地面积少，便于机械化施工的特点，近年来成为新疆盐渍化治理的主推技术（衡通 等，2019），排水措施见图 2.1。

（a）明沟排水　　　（b）暗管排水　　　（c）竖井排水　　　（d）干排水　　　扫一扫，见彩图

图 2.1　新疆地区常见的排水措施

暗管在使用过程中仍然面临诸多问题，其中，最主要的问题就是淤堵，这种情况会导致排水排盐系统效率降低，甚至完全失效（Stuyt et al.，2005）。

2.2　评　估　指　标

2.2.1　物理淤堵风险评估指标

土壤黏粉比是判断是否发生物理淤堵的重要指标（Gallichand and Marcotte，1993；Dieleman and Trafford，1976）。土壤中黏粒占比越大，土壤的黏结性和可塑性越强。当土壤黏粉比超过 0.5 时，一般认为该土体结构稳定，矿物管道淤堵的风险较低。

2.2.2　化学淤堵风险评估指标

利用 RSI 来评判碳酸钙化学沉淀的风险（Nia et al.，2010），其具体计算公式如下。

$$RSI = 2pH_s - pH \tag{2.1}$$

$$pH_s = p[Ca^{2+}] + p[HCO_3^-] + C \tag{2.2}$$

$$C = \lg\left(\frac{0.0024T_m^2 - 0.2519T_m + 9.325}{9.21 \times 10^{-4}T_m + 2.3 \times 10^{-2}}\right) + 2.5\left[\frac{(0.013EC)^{0.5}}{1 + (0.013EC)^{0.5}}\right] \tag{2.3}$$

式中：pH_s 为碳酸钙的饱和 pH，量纲为一；pH 为测得水样的 pH，量纲为一；$p[Ca^{2+}]$ 为钙离子浓度（mol/L）的负对数，量纲为一；$p[HCO_3^-]$ 为碳酸氢根离子浓度（mol/L）的负对数，量纲为一；C 为温度和电导率的函数，量纲为一；T_m 为温度，℃；EC 为电导率，量纲为 $L^{-3}M^{-1}T^3I^2$。

由于缺少新疆地下水中 Ca^{2+}、HCO_3^- 浓度和电导率的数据，通过上述相关关系的建立，得到 RSI 与矿化度、温度和 pH 的关系，并通过矿化度数据计算 RSI。

2.2.3 复合淤堵风险评估指标

物理和化学淤堵的影响均表现为淤堵物质在多孔介质中的积累及其对渗流通道的淤堵（Guo et al.，2020）。熵权法是根据各项指标的变异程度来确定指标权重的，这是一种客观赋权法，避免了人为因素带来的偏差。本节利用熵权法确定各指标权重，从而得到评估复合淤堵的综合指标，具体步骤如下。

（1）初始矩阵。假设物理和化学淤堵风险评估指标分别为 R_1 和 R_2，记为 $m=2$；用于计算的新疆栅格图的栅格值 513 540，记为 $n=513\ 540$。

$$\boldsymbol{R}=[R_{ij}]_{m\times n} \tag{2.4}$$

其中：$i=1,\ 2,\ \cdots,\ m$；$j=1,\ 2,\ \cdots,\ n$。

（2）标准化处理指标数据。为避免不同指标量纲不一致所带来的影响，采用极差法对各项指标数据进行标准化处理。由于物理和化学淤堵风险评估指标均为值越大风险越小，所以采用正向指标标准化处理，如式（2.5）所示。此步骤采用 ArcGIS 10.8 中的模糊隶属度工具直接对栅格图进行处理。

$$r_{ij}=\frac{x_{ij}-x_{\min}}{x_{\max}-x_{\min}} \tag{2.5}$$

其中：r_{ij} 为标准化后第 i 个样本在 j 指标当中的比重值；x_{ij} 为第 i 个样本第 j 个指标，$x_{\max}$ 是第 i 个指标的最大值，$x_{\min}$ 是第 i 个指标的最小值。

（3）初始矩阵 $\boldsymbol{R}$ 标准化。此步骤采用 ArcGIS 10.8 中的分区统计工具对归一化后的栅格值进行求和，利用栅格计算器求比重 P_{ij}。

$$\boldsymbol{P}=[P_{ij}]_{m\times n} \tag{2.6}$$

其中：$i=1,\ 2,\ \cdots,\ m$；$j=1,\ 2,\ \cdots,\ n$；$P_{ij}=r_{ij}/\sum\limits_{j=1}^{n}r_{ij}$。

（4）计算指标信息熵值 e_i 和效用值 d_i。

$$e_i=(-\sum_{j=1}^{n}P_{ij}\ln P_{ij})/\ln n \tag{2.7}$$

$$d_i=1-e_i \tag{2.8}$$

其中，当 $P_{ij}=0$ 时，$\ln P_{ij}$ 无意义，此时，$P_{ij}=(1+P_{ij})/\sum\limits_{j=1}^{n}(1+P_{ij})$。

（5）计算指标权重。

$$w_i=\frac{d_i}{\sum\limits_{i=1}^{m}d_i} \tag{2.9}$$

（6）计算综合评分。

$$S_i = \sum_{i=1}^{n} w_i \cdot R_{ij} \qquad (2.10)$$

最终得到的 1℃、5℃、10℃、20℃下物理和化学淤堵风险评估指标的权重如表 2.1所示。

表 2.1　不同温度下物理和化学淤堵风险评估指标的权重

温度/℃	物理淤堵风险评估指标的权重/%	化学淤堵风险评估指标的权重/%
1	26.761 7	73.238 3
5	26.761 7	73.238 3
10	26.761 7	73.238 3
20	26.760 6	73.239 4

2.3　数据来源与分析

新疆地区土壤质地数据来源于国家科技基础条件平台——国家地球系统科学数据中心（http://www.geodata.cn）；地下水矿化度、pH 数据来源于《新疆地下水研究》（周金龙，2010）。已有研究表明，矿化度是地下水各组分浓度的总指标，矿化度的变化可以反映地下水化学组分浓度的变化，地下水中物质组分总体的分布特征和变化趋势（赵枫，2011）。由于缺少新疆地下水中 Ca^{2+} 浓度 $c[Ca^{2+}]$、HCO_3^- 浓度 $c[HCO_3^-]$ 和电导率数据，基于新疆已发表文献中的地下水数据（表 2.2），拟合得到矿化度（标记为 S）、电导率（标记为 EC）与 Ca^{2+}、HCO_3^- 浓度积负对数（标记为 C_x）的关系，如图 2.2 所示，关系式分别如下：

$$C_x = -0.502\ln S + 8.526\,2 \quad （北疆） \qquad (2.11)$$
$$C_x = -1.106\ln S + 13.149 \quad （南疆） \qquad (2.12)$$
$$EC = 0.0011S - 0.192\,4 \quad （新疆） \qquad (2.13)$$

式中：S 为矿化度，量纲为 $M^{-1}L^{-3}$；C_x 为 $-\lg(c[Ca^{2+}]c[HCO_3^-])$，量纲为一；EC 为电导率，量纲为 $L^{-3}M^{-1}T^3I^2$。通过将式（2.1）～式（2.3）联立，得到 RSI 与矿化度、温度和 pH 的关系[式（2.14）]，并通过矿化度数据计算 RSI。

$$
RSI = 2\left\{ -\lg(c[Ca^{2+}]c[HCO_3^-]) + \lg\left(\frac{0.002\,4T_m^2 - 0.251\,9T_m + 9.325}{9.21\times10^{-4}T_m + 2.3\times10^{-2}} \right) \right.
$$
$$
\left. + 2.5\left[\frac{(0.013EC)^{0.5}}{1 + (0.013EC)^{0.5}} \right] \right\} - pH \qquad (2.14)
$$

表 2.2 新疆数据收集表

地区		引用
北疆	伊犁河谷西北部	艾力哈木·艾克拉木等（2021）
	巴里坤盆地	丁启振等（2021）
	博尔塔拉河上游温泉	朱世丹（2020）
	昌吉	纪媛媛等（2021）
	博尔塔拉河流域平原区	雷米等（2022）
	吐鲁番盆地	梁涛（2006）
	新疆生产建设兵团第八师一四四团（井水）	
	新疆生产建设兵团第八师一四五团（井水）	
	新疆生产建设兵团第八师一四七团（井水）	实验室测试
	新疆生产建设兵团第八师一四八团（井水）	
	新疆生产建设兵团第八师一五〇团（井水）	
南疆	若羌和且末	曾妍妍等（2015）
	盖孜河流域	曲鹏飞（2015）
	克孜勒河流域	
	喀什河流域	曾小仙（2022）
	莎车	杨鹏等（2022）
	和田地区	范薇（2020）
	叶尔羌河流域	张杰（2021）
	喀什噶尔河流域	王红太（2021）
	普惠农场	李小东等（2016）
	新疆生产建设兵团第二师二十七团（渠水）	实验室测试
	新疆生产建设兵团第二师二二三团（渠水）	

试验数据使用 Microsoft Office 2021、Origin 2019 和 ArcGIS 10.8 进行处理和绘图得到矿化度与 Ca^{2+}、HCO_3^- 浓度积负对数。对合成外包料包裹物和土壤样品进行了 X 射线衍射（X-ray diffraction，XRD）分析，以确定淤堵物的矿物学特性。所有 XRD 仪（来自荷兰的 X' Pert Pro XRD 仪）数据是在相同的试验条件下收集的，角度（2θ）范围为

10°～80°。利用 SEM 和能谱仪（energy dispersive spectrometer，EDS）（来自荷兰的 Quanta 200）分析了合成外包料包裹物中淤堵物的微观结构和组成。

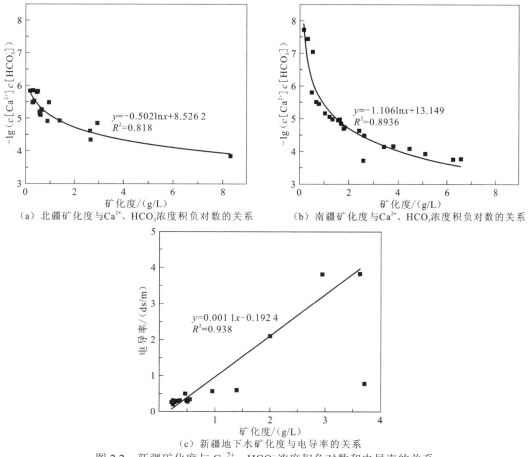

（a）北疆矿化度与 Ca^{2+}、HCO_3 浓度积负对数的关系　　　（b）南疆矿化度与 Ca^{2+}、HCO_3 浓度积负对数的关系

（c）新疆地下水矿化度与电导率的关系

图 2.2　新疆矿化度与 Ca^{2+}、HCO_3 浓度积负对数和电导率的关系

2.4　结果与讨论

2.4.1　物理和化学淤堵风险分布范围

在新疆流域范围内，基于选定的淤堵风险评估指标分别绘制物理淤堵风险地区面积占比图（图 2.3）和 1℃、5℃、10℃、20℃温度条件下化学淤堵风险地区面积占比图（图 2.4）。对于物理淤堵风险，低风险地区占 16.27%，高风险地区占 83.73%；对于化学淤堵风险，随着排水温度从 1℃升高至 20℃，高中低风险地区占比从 30.27%增加至 84.41%。综上所述，新疆排水暗管外包料中普遍存在物理淤堵风险，且淤堵风险较高；化学淤堵风险随着排水温度的升高而升高。

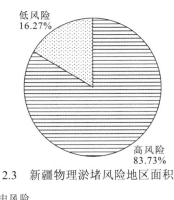

图 2.3　新疆物理淤堵风险地区面积占比

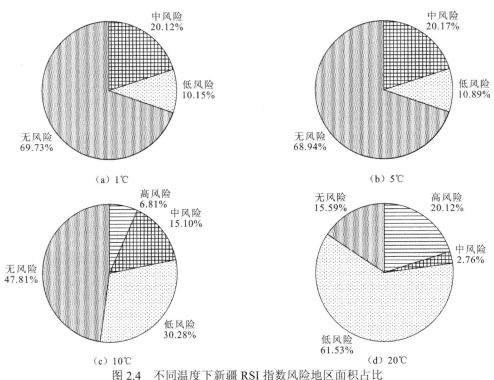

图 2.4　不同温度下新疆 RSI 指数风险地区面积占比

2.4.2　淤堵的影响因素及情景分析

物理淤堵风险评估受土壤黏粉比影响，化学淤堵风险评估受矿化度、温度等因素影响。由于土壤质地基本保持稳定，本节分别以矿化度、温度两个影响因素为变量，研究在不同情况下化学淤堵风险及复合淤堵风险的变化情况。

在温度为 10 ℃，pH=8 的情况下，分别计算不同矿化度下北疆和南疆的 RSI，并进行拟合，见图 2.5。结果表明，RSI 随着矿化度的增加而减小，说明化学淤堵风险随着矿化度的增加而提高。当矿化度小于 2.5 g/L 时，在相同矿化度水平下，北疆的化学淤堵风险高于南疆；矿化度大于 2.5 g/L 时，北疆的化学淤堵风险低于南疆。在温度为 1 ℃条件下，通过在新疆地下水矿化度现状（初始矿化度为 S_0）基础上增加 1 g/L 和 3 g/L 以及减少 1 g/L，计算在不同矿化度下的复合淤堵风险地区面积占比，可见中风险地区面积占比分别从 3.50%增加至 30.37%、49.27%和 31.19%，出现先增加后减小的趋势，高风险地区面积占比分别从 20.33%增加至 22.08%、47.94%和 67.92%，表明随着矿化度的升高，部分中风险地区升级为高风险地区，见图 2.6。

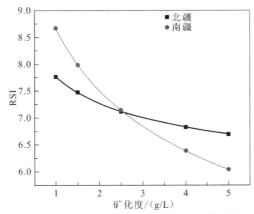

图 2.5　北疆和南疆的矿化度与 RSI 的关系

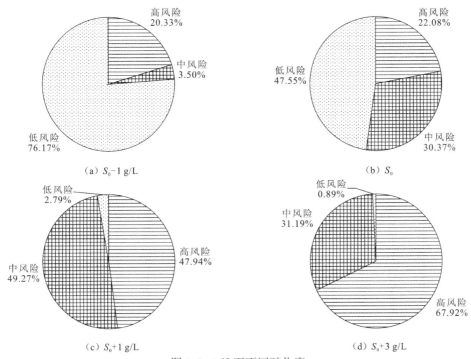

图 2.6　1 ℃下不同矿化度

下新疆复合淤堵风险地区面积占比

根据暗管排水温度的变化，设置 1 ℃、5 ℃、10 ℃、20 ℃四个温度，在 pH=8.0，矿化度为 1.5 g/L 的条件下，研究 RSI 的变化。绘制不同温度下 RSI 曲线图，如图 2.7 所示。结果表明，在其他条件不变的情况下，RSI 与排水温度呈线性关系，随着温度的升高，RSI 减小，排水暗管化学淤堵风险提高；在相同温度下，北疆地区的 RSI 比南疆的更小，表明北疆地区化学淤堵风险更高。不同温度下新疆化学淤堵风险地区面积占比也显示，随着温度的增加，各地区的化学淤堵风险也在提高。基于地下水 pH 和矿化度水平，计算四个温度水平的复合淤堵风险地区面积占比，见图 2.8。图 2.8 表明，温度越高，复合淤堵风险越高，当温度从 1℃升至 5℃、10℃和 20℃时，中风险地区面积占比从 30.37%升至 33.01%、62.59%和 49.82%，呈现先增加后减小的趋势，高风险地区面积占比从22.08%升至 23.05%、30.16%和 50.10%，表明随着排水温度的升高，部分中风险地区升级为高风险地区。由此可见，选择温度较低的时间进行排水洗盐，可以在一定程度上降低排水暗管外包料的淤堵风险。

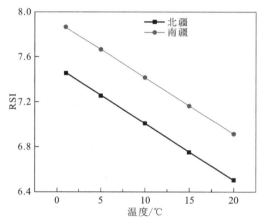

图 2.7 北疆、南疆温度与 RSI 的关系

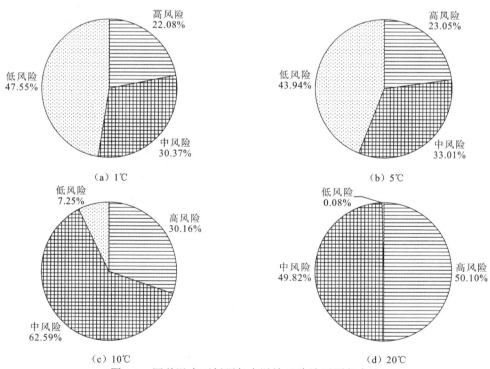

（a）1℃ （b）5℃ （c）10℃ （d）20℃

图 2.8 四种温度下新疆复合淤堵风险地区面积占比

2.5　本 章 小 结

本章依据新疆土壤质地分布及地下水理化性质,利用土壤黏粉比评估了新疆流域范围内排水暗管外包料的物理淤堵风险,利用 RSI 评估了新疆流域范围内排水暗管外包料的化学淤堵风险,并利用熵权法确定了各指标的权重,建立了排水暗管外包料复合淤堵风险评估指标,计算了不同温度和矿化度下不同风险地区的面积占比,分析了排水暗管外包料淤堵的影响因素及风险演变趋势,主要结论如下。

(1)新疆地区排水暗管外包料物理淤堵风险普遍较高,当矿比度大于 2.5 g/L,相同温度下南疆地区排水暗管外包料化学淤堵风险高于北疆。

(2)暗管外包料复合淤堵风险中物理淤堵风险占比约为 26.8%,化学淤堵风险占比约为 73.2%,需要重点防范。

(3)复合淤堵风险随着温度升高而升高,中风险地区面积占比先增加后减小,高风险地区面积占比逐渐增加。

第 3 章

干旱区排水暗管合成外包料淤堵特征

为了探究干旱区合成外包料的淤堵特征与阻盐效应，在排水暗管外包料淤堵的中高风险地区选择不同运行年限的暗管排水工程，取样分析排水暗管合成外包料淤堵物质的形貌和组成，量化淤堵对合成外包料孔隙分布和渗透系数的影响，评估排水暗管外包料的淤堵风险。

3.1 研究区暗管排水概况

3.1.1 研究区暗管排水基本情况

新疆地区较早地采用明沟排水技术来达到排出农田淋洗盐分和降低地下水位的目的，但明沟排水占用耕地面积大，清淤工作量较大（Wang et al.，2015；Hanson et al.，2006；Ritzema，1994）。20 世纪 60 年代农二师孔雀一场（现新疆生产建设兵团第二师二十八团）土壤改良试验站首次引进暗管排水技术，进行了万亩暗管（陶土管）排水洗盐及暗管埋设技术的试验。排水暗管外包料采用棉麻、棕皮、砂石料。试验结果表明暗管排水量大，脱盐量高。但因为暗管埋设技术不成熟，暗管埋设后产生了不均匀沉降，使暗管发生移动，陶土管遭到破坏（农二师孔雀一场土壤改良试验站，1962）。新疆生产建设兵团第二师二十九团从 1985 年开始对塑料波纹管排盐技术进行试验，到 1989 年对全农场 16.5 万亩土地实施了暗管排水工程，取得了良好的排盐效果（林起，1989）。同时，排水暗管维护方便，便于机械化施工的特点也促使其得到越来越广泛的应用（刘子义，1992）。长期使用的排水暗管会存在淤堵问题，严重影响排水效率（He et al.，2016）。梁干华（1985，1982）及梁干华和陈祖森（1990，1987，1986，1984）对五种纤维滤料进行了试验研究，结果表明，将弹力丙纶地毯丝作为塑料波纹管外包料，其耐盐性和防淤堵性能最强。随着"管滤一体"机械化施工技术的推广，开孔塑料管波纹和预裹人工合成外包料是目前应用最为广泛的暗管材料组合形式（Qian et al.，2021；Waller and Yitayew，2016）。合成外包料能否保证新疆地区排水系统的长期运行亟须研究。

3.1.2 暗管淤堵野外调查方案

选择南疆和北疆 3 个典型暗管取样点进行挖掘取样，3 个取样点均采用滴灌，并在秋冬季节通过一次大定额的滴灌进行盐分淋洗。3 个取样点的土质为壤土，主要种植作物为棉花，施肥种类为水溶肥（N-P_2O_5-K_2O，总养分≥50%）。新疆生产建设兵团第八师一四一团、新疆生产建设兵团第一师二团和新疆生产建设兵团第七师一二七团的排水暗管布置时间分别是 2003 年、2011 年和 2015 年。取样暗管均为合成外包料包裹的双壁波纹管，在 2018 年 3 月进行暗管段的挖掘工作，同时测量暗管埋设点的土壤容重，收集取样点的土样、水样，如图 3.1（a）所示。以 3#取样点为例，图 3.1（b）、（c）分别为 3#取样点 B 处地下排水管开挖断面和样品段。现场采样的详细情况见表 3.1。

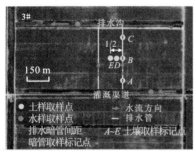

（a）3#取样点采样方案　　　　（b）3#取样点取样点位*B*处开挖断面　　　　（c）暗管样品段

图 3.1　新疆排水暗管取样图

扫一扫，见彩图

表 3.1　暗管样品段统计表

取样点编号	取样地点	暗管类型	埋设深度/cm	暗管直径/mm	埋设年份	长度/cm	外包滤料	运行状况
1#	新疆生产建设兵团第八师一四一团	聚乙烯波纹管	100	90	2015	20	纺黏/涤纶	运行
2#	新疆生产建设兵团第一师二团		100	50	2011		纺黏/涤纶	
3#	新疆生产建设兵团第七师一二七团		200	75	2003		热黏/聚丙烯	

3.2　暗管淤堵室内分析

3.2.1　样品前处理

为了对比合成外包料淤堵前后的理化特性，在测量原始合成外包料样品的理化特性后，将其放入 250 mL 的锥形瓶振荡，并加入 100 mL 去离子水。将锥形瓶用封口膜密封后放入超声波振荡器（KQ3200E）中振荡，当水溶液的电导率不再增加时，取出振荡处理后的固体并放置在吸水纸上自然风干，获得等效未利用外包料，然后装入自封袋中标记备用。将振荡处理后的液体自然风干并混合均匀，用于淤堵物质物理化学组分分析。

将暗管段的合成外包料从暗管段上小心地抽出，展平后按照如图 3.2 所示的方式用环形刀裁剪成直径为 11 cm 的圆形样品。每个暗管段上取 3 个圆形样品，同时在双壁波纹管凸起和开孔的地方裁取 2.0 cm×2.0 cm 的样品。将从取样暗管周围土体及外包料内部采集到的淤堵物质风干后研磨过 2 mm 筛，将制备好的样品装入自封袋标记备用。为了尽可能地消除淤堵物质的随机性分布给试验结果带来的影响，在双壁波纹管凸起和开孔的地方均进行取样，同时对合成外包料的厚度、面密度和淤堵量等进行测定。圆形样品主要用于测量渗透系数，分析化学物相和元素组成。方形样品用于微观形貌的测试。

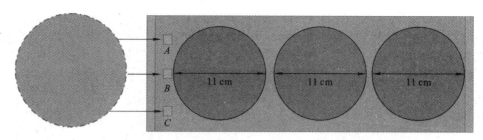

图 3.2　样品前处理示意图

3.2.2　测试内容与分析方法

测量项目如表 3.2 所示。用 LP115 pH 计测量 pH。采用 DDSJ-308F 电导率仪和 PXSJ-270F 型离子计来测量 1∶5 的土壤浸提液和水样的电导率、温度、K^+ 浓度、Na^+ 浓度，依据《土壤农化分析》中的相关方法测量土壤和水中 Ca^{2+}、Mg^{2+}、SO_4^{2-}、CO_3^{2-}、HCO_3^-、Cl^- 的浓度以及土壤中碳酸盐的总量（鲍士旦，2000）。土壤样品及淤堵物质的粒径分布采用 MS2000 激光粒度分析仪进行测定。

表 3.2　合成外包料的物理特性

取样点编号	合成外包料厚度/mm	合成外包料的体积密度/(kg/m³)	面密度/(g/m²)		EC/(mS/cm)	
			未利用合成外包料	原始合成外包料	原始合成外包料淤堵物质	合成外包料周围土壤
1#	0.15	247.33	37.10	66.50	11.66	3.82
2#	0.06	276.67	16.60	26.70	16.59	3.28
3#	0.31	303.23	94.00	201.70	9.56	3.16

使用自制垂直渗透系数测试仪测试合成外包料超声波振荡前后的渗透系数，垂直渗透系数测试仪的材质为有机玻璃，内径为 10 cm，其工作原理与结构如图 3.3 所示。试验过程中自下而上缓慢加水以排出土壤中的空气，直至土柱饱和，然后给土柱加压。随后改为自上而下注水，排水系统稳定后开始试验，待到排水系统的渗透系数不发生变化时停止试验。

为了保证在渗透过程中合成外包料内部的淤堵物质不被浸出，在样品上方和下方分别放置 50 mm、30 mm 的石英砂（Veylon et al.，2016）。在垂直渗透系数测试仪侧壁安装 5 个压力计，用于测量合成外包料围护结构周围的水头，如图 3.3 所示。测试过程中，通过马氏瓶从渗透仪底部缓慢地饱和合成外包料样品 24 h 后，使用常水头装置在垂直渗透系数测试仪两端缓慢加上较小梯度的水头差，并测量渗透仪出流量，待流量稳定后，通过测压管监测上下游的水头差，并记录此时渗透仪的出流量。

合成外包料渗透系数的测量遵循用介电常数测定土工布透水性的标准试验方法（ASTM，2017）。合成外包料渗透系数的计算公式如下：

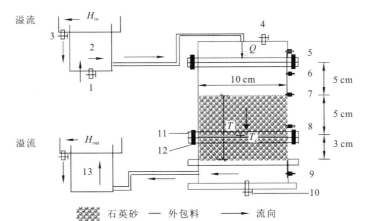

图 3.3　合成外包料垂直渗透系数测试仪示意图

1 供水阀；2 定水头供水箱；3 溢流阀；4 排气阀；5～9 测压管；
10 排水阀；11 法兰；12 固定螺栓；13 定水头排水箱

H_{out} 为出水水头，cm；H_{in} 为进水水头，cm；T_e 为渗透路径中合成外包料的厚度，cm；
T 为渗透路径中石英砂+合成外包料的厚度，cm；Q 为渗透流量，cm^3/s

$$K_g = \frac{QT_e}{\Delta h_e A} \tag{3.1}$$

$$\Delta h_e = \Delta h_t - \frac{Qd_s}{AK_s} \tag{3.2}$$

$$d_{s,t} = T_t - T_e \tag{3.3}$$

$$K_s = \frac{QT}{(H_{in} - H_{out})A} \tag{3.4}$$

式中：T_e 为合成外包料的厚度，量纲为 L；K_g 为合成外包料的渗透系数，量纲为 LT^{-1}；A 为过水断面的横截面积，量纲为 L^2；K_s 为石英砂和合成外包料的渗透系数，量纲为 LT^{-1}；Δh_e 为合成外包料的水头损失，量纲为 L；Δh_t 为石英砂和合成外包料的水头损失，量纲为 L；$d_{s,t}$ 为石英砂的厚度，量纲为 L；Q 为渗透流量，量纲为 L^3T^{-1}；H_{in} 为进水水头，量纲为 L；H_{out} 为出水水头，量纲为 L；T_t 为石英砂和合成外包料的厚度，量纲为 L；T 为渗透路径中石英砂和合成外包料的厚度，量纲为 L。

采用 CFP-1500-AEXL 孔径分析仪对合成外包料的孔径特征进行分析。此设备符合 ASTM（2019）的规定。采用 XRD 对合成外包料的淤堵物质和土壤样品进行了物相分析。所有的 XRD 数据均在相同的试验条件下采集，扫描角度（2θ）为 $10°\sim80°$。通过场发射扫描电镜能谱（scanning electron microscope-energy dispersive spectrometer，SEM-EDS）分析了合成外包料中淤堵物质的微观结构和组成。

3.3　评估指标

可以用 C_u 来评估暗管周围土壤的级配情况，计算公式如式（3.5）所示。

$$C_u = d_{60} / d_{10} \tag{3.5}$$

其中，d_{60} 和 d_{10} 分别为土壤中 60% 和 10% 的土壤颗粒的直径小于该颗粒直径，量纲为 L。当 $1 < C_u < 5$ 时，土壤非常均匀，级配较差，对侵蚀非常敏感；$5 \leqslant C_u \leqslant 15$，土壤相对均匀，对侵蚀较为敏感；$C_u > 15$，土壤无侵蚀危险（Olbertz and Press，1965）。一般来说，土壤黏粉比越小，表明合成外包料或颗粒过滤器的物理淤堵风险越大（Stuyt et al.，2005）。当土壤黏粉比 $\leqslant 0.5$ 时，物理淤堵风险迅速增加（Dieleman and Trafford，1976）。

保留标注（R_d）是选择合成外包料的重要因素，计算公式如式（3.6）所示。

$$R_d = O_{90} / d_{90} \tag{3.6}$$

式中：O_{90} 为合成外包料 90% 的孔隙直径均小于该值，量纲为 L；d_{90} 为土壤中 90% 的土壤颗粒的直径小于该颗粒直径，量纲为 L。以下的保留标准（R_d）可以被接受（Stuyt et al.，2005）：

$1.0 \leqslant O_{90}/d_{90} \leqslant 2.5$，适用于合成外包料厚度 $\leqslant 1$ mm。

$1.0 \leqslant O_{90}/d_{90} \leqslant 3.0$，适用于 1 mm $<$ 合成外包料厚度 < 3 mm。

$1.0 \leqslant O_{90}/d_{90} \leqslant 4.0$，适用于 3 mm $\leqslant$ 合成外包料厚度 < 5 mm。

$1.0 \leqslant O_{90}/d_{90} \leqslant 5.0$，适用于 3 mm $\geqslant$ 合成外包料厚度 $\geqslant 5$ mm。

此外，推荐 O_{90}/d_{90} 更接近上述可选择范围上限的合成外包料以提高透水性（Watson and John，1999；Stuyt，1992b；Dierickx，1987）。根据太沙基准则，过滤器的渗透系数应该是其周围土壤的 10 倍以上（U.S.Army Corps of Engineers，1941）。

淤堵物质一旦被困在合成外包料中，合成外包料的质量将大于其原始质量。随着更多的淤堵物质在合成外包料纤维之间的孔隙内积累，合成外包料的质量也逐渐增加，水力传导率降低（Nguyen and Indraratna，2019；Palmeira and Gardoni，2000）。因此，淤堵程度可以用淤堵率 Ψ 表示（刘文龙 等，2013）：

$$\Psi = \frac{m_1 - m_0}{m_0} \tag{3.7}$$

式中：Ψ 为淤堵率，量纲为一；m_1 为淤堵后合成外包料的质量，量纲为 M；m_0 为未利用合成外包料的质量，量纲为 M。当 $\Psi > 0$ 时，合成外包料的质量大于未利用合成外包料的质量，即淤堵物质滞留在合成外包料中。随着 Ψ 的增大，更多的淤堵物质在合成外包料纤维之间的孔隙内堆积，淤堵程度逐渐增大。

饱和指数 SI 是评价化学沉淀敏感性的重要指标。溶液过饱和时，溶质会从溶液中结晶析出。当溶液不饱和时，溶液中的晶体会溶解（Lifshitz and Slyozov，1961）。SI 的计算公式如式（3.8）所示。

$$SI = \lg \frac{IAP}{KT} \tag{3.8}$$

式中：IAP 为离子活度积，表示实际参与反应的离子浓度的乘积（Tiselius，1984），量纲为一；KT 为溶解度常数，其定义为沉淀与溶解达到平衡状态时离子浓度的乘积（Fein and Walther，1989），量纲为一。当 SI < -0.5 时，溶液是不饱和的；当 $-0.5 \leqslant SI \leqslant 0.5$ 时，溶液是准平衡的；当 SI > 0.5 时，溶液是过饱和的（Deutsch，1997）。

3.4　排水暗管合成外包料淤堵形貌及孔隙特征

3.4.1　合成外包料淤堵前后的 SEM 图像

通过超声波振荡的方法来去除合成外包料上的淤堵物质，将超声波振荡前后的合成外包料分别命名为原始合成外包料和未利用合成外包料。通过 SEM 观察 1#～3#取样点的 3 种合成外包料，如图 3.4 所示。原始合成外包料上存在大量淤堵物质，如图 3.4（a）～（c）所示。经超声波振荡去除淤堵物质后的未利用合成外包料，如图 3.4（d）～（f）所示。结果表明，超声波振荡的方法可以用来获得等效的未利用合成外包料。这为进一步对比淤堵前后合成外包料的渗透系数和孔隙分布提供了理想的方法。

通过对淤堵前后合成外包料质量的测量得到 1#～3#取样点合成外包料的淤堵率分别为 79%、61% 和 115%，定量说明了合成外包料的淤堵程度。三个取样点原始合成外包料上淤堵物质浸提液（土水比 = 1 : 5）的 EC 分别为 11.66 mS/cm、16.59 mS/cm、

（a）1#取样点，原始合成外包料

（b）2#取样点，原始合成外包料

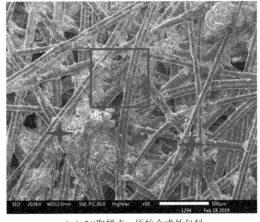

（c）3#取样点，原始合成外包料

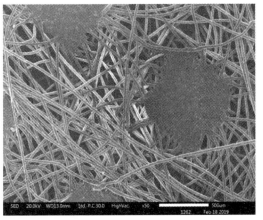

（d）1#取样点，未利用合成外包料

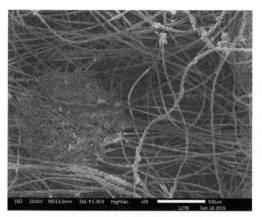 

扫一扫，见彩图

（e）2#取样点，未利用合成外包料　　　　　（f）3#取样点，未利用合成外包料

图 3.4　三个取样点原始合成外包料与未利用合成外包料 SEM 图像

9.56 mS/cm。合成外包料周围土壤浸提液（土水比＝1∶5）相应的 EC 分别为 3.82 mS/cm、3.28 mS/cm 和 3.16 mS/cm。合成外包料围护结构中淤堵物的含盐量高于周围土体，说明土壤盐分在合成外包料表面有积累效应。

3.4.2　淤堵前后合成外包料的孔径分布特征

三个取样点原始合成外包料与未利用合成外包料的孔径分布如图 3.5 所示。由图 3.5 可见，未利用合成外包料的孔径分布存在显著差异。1#取样点未利用合成外包料的孔径分布为 50～250 μm，2#取样点未利用合成外包料的孔径分布为 30～163 μm，3#取样点未利用合成外包料的孔径分布为 50～500 μm。1#取样点未利用合成外包料孔径在 50～250 μm 范围内分布均匀。2#取样点未利用合成外包料 80%以上的孔径分布在 30～100 μm。3#取样点未利用合成外包料约 40%的孔径分布在 50～100 μm，60%的孔径分布在 100～500 μm。1#～3#取样点原始合成外包料的孔径分布特征相似，基本小于 100 μm。研究结果表明：三个取样点的排水暗管在使用后，合成外包料的大孔隙被淤堵，但仍有部分小孔隙保持畅通。

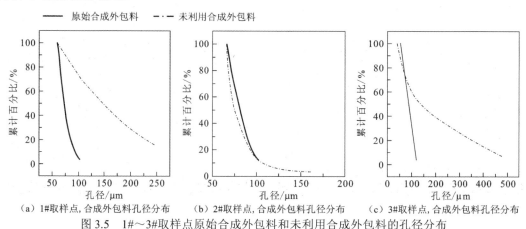

（a）1#取样点，合成外包料孔径分布　　（b）2#取样点，合成外包料孔径分布　　（c）3#取样点，合成外包料孔径分布

图 3.5　1#～3#取样点原始合成外包料和未利用合成外包料的孔径分布

3.5　排水暗管外包料的阻盐效应

3.5.1　淤堵物质对合成外包料渗透系数的影响

采用垂直渗透系数测试仪测定 1#~3#取样点去除淤堵物质前后合成外包料的渗透系数，如表 3.3 所示。1#取样点原始合成外包料与未利用合成外包料的渗透系数分别为 2.70×10^{-4} cm/s 和 5.37×10^{-2} cm/s，2#取样点原始合成外包料与未利用合成外包料的渗透系数分别为 2.54×10^{-3} cm/s 和 2.80×10^{-2} cm/s，3#取样点原始合成外包料与未利用合成外包料的渗透系数分别为 2.20×10^{-3} cm/s 和 4.57×10^{-3} cm/s。原始合成外包料的渗透系数分别为未利用合成外包料的 0.5%、9.0%和 48%。这一现象与合成外包料长期服役后仍有部分小孔隙保持畅通的试验结果一致。

表 3.3　1#~3#取样点去除淤堵物质前后合成外包料的渗透系数

取样点编号	暗管周围土体容重 / (g/cm³)	渗透系数/ (cm/s)			百分比跌幅/%
		周围土壤	原始合成外包料	未利用合成外包料	
1#	1.28	3.16×10^{-4}	2.70×10^{-4}	5.37×10^{-2}	99.50
2#	1.68	6.03×10^{-5}	2.54×10^{-3}	2.80×10^{-2}	91.00
3#	1.50	2.49×10^{-4}	2.20×10^{-3}	4.57×10^{-3}	52.00

在选择排水暗管合成外包料时，要求合成外包料的渗透系数大于暗管周围土壤渗透系数的 10 倍（Dierickx，1980；Nieuwenhuis and Wesseling，1979）。根据 1#~3#取样点周围土壤渗透系数，要求未利用合成外包料最小渗透系数分别为 3.16×10^{-3} cm/s、6.03×10^{-4} cm/s、2.49×10^{-3} cm/s，三个取样点未利用合成外包料达到最小渗透系数要求。1#、2#取样点原始合成外包料的渗透系数分别为 2.70×10^{-4} cm/s 和 2.54×10^{-3} cm/s，均小于所要求的渗透系数，如表 3.3 所示。这说明，排水暗管运行后合成外包料的渗透系数会出现较大的下降，将对暗管排水系统的效率产生影响，应引起足够的重视。

3.5.2　合成外包料中淤堵物质的物相分析

XRD 分析可以用来表征外包料淤堵物质的物相组成（Thompson et al.，2011）。XRD 图中明显尖锐的峰，表明有晶体物质形成。将 XRD 图中尖锐的峰与软件 Jade 6.5 中的 PDF 2004 标准卡片比对确定其矿物组成。图 3.6 为三个取样点土壤和合成外包料中淤堵物质的 XRD 图。由图 3.6 可知，在同一取样点，土壤和合成外包料中淤堵物质的 XRD 图相似。这种相似性表明，合成外包料围护层上淤堵物质的矿物成分可能来源于周围的土壤。三个取样点土壤和合成外包料中淤堵物质的 XRD 图也非常相似。1#~3#取样点

的矿物组成为 SiO_2、$CaCO_3$、$Na(AlSi_3O_8)$、$(Mg_{0.03}Ca_{0.97})CO_3$。结果表明，研究区合成外包料上淤堵的物质具有相似的化学组成。伊朗排水暗管的合成外包料中沉淀物质的主要成分为 Si、Ca 和 O 三种元素，说明淤堵物质也是 SiO_2 和 $CaCO_3$。这种相似性表明 SiO_2和 $CaCO_3$ 是干旱和半干旱地区合成外包料中常见的淤堵物质（Nia et al.，2010）。

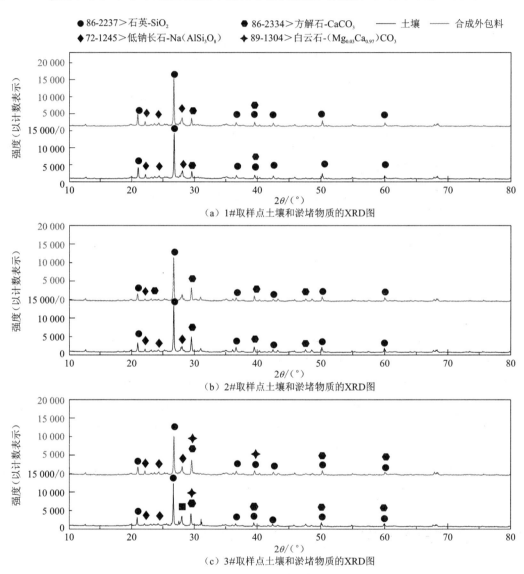

图 3.6　1#～3#取样点土壤和合成外包料中淤堵物质的 XRD 图

采用 EDS 定量分析了合成外包料上淤堵物质的元素组成。在每个原始合成外包料上，选择两个点（标记为 1#-1P、1#-2P、2#-1P、2#-2P、3#-1P、3#-2P）和一个面（标记为 1#-M、2#-M、3#-M）进行 EDS 扫描，如图 3.7（a）～（c）所示，得到不同元素的衍射峰。各元素（包括 C、O、Si、Ca、Mg、Al、Na、K 和 Fe）含量，如表 3.4 所示。同一合成外包料上两个点处淤堵物质的元素组成和含量非常相似。1#取样点的主要元素

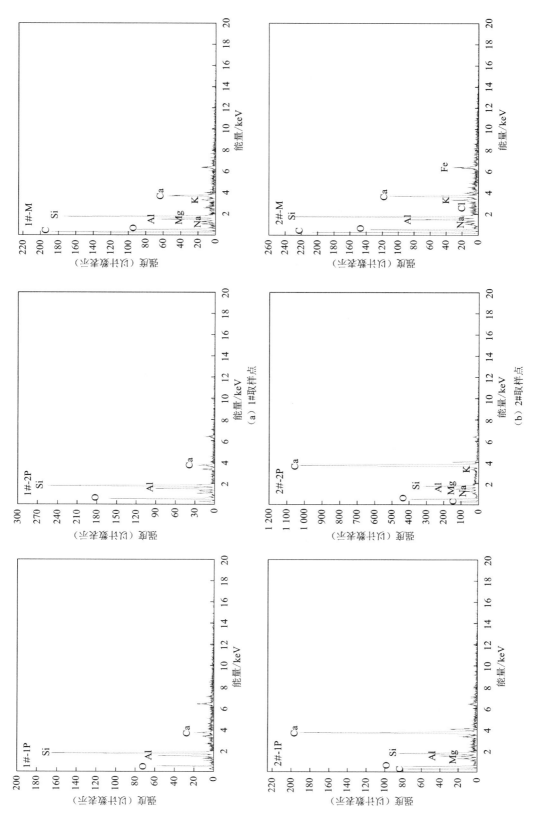

(a) 1#取样点

(b) 2#取样点

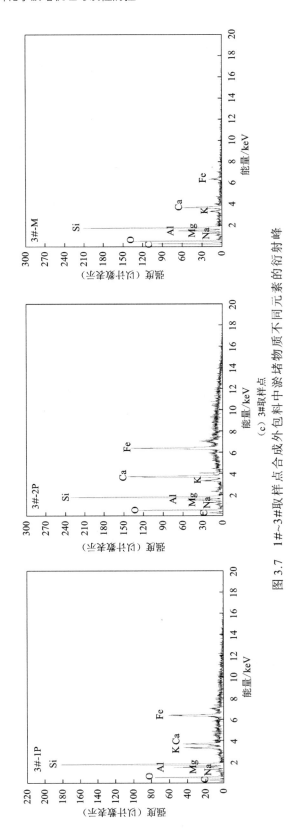

（c）3#取样点

图 3.7　1#~3#取样点合成外包料中淤堵物质不同元素的衍射峰

为 O、Si、Al、Ca；在 1#-1P 处，4 种元素的百分数分别为 45.15%、40.40%、10.94%、3.50%；在 1#-2P 处，4 种元素的百分比分别为 52.85%、29.80%、9.69%、2.10%。2#取样点两个点的主要元素为 O、C、Ca、Si。3#取样点的主要元素为 O、C、Si、Fe。1#～3#取样点面扫描的主要元素与点扫描的主要元素不同。面扫描的主要元素为 C 和 O，两者之和在 1#-M 处占 87.05%，在 2#-M 处占 84.90%，在 3#-M 处占 80.60%。结果表明，合成外包料样品中淤堵物质的主要元素为 O、Si、C、Ca，结合 XRD 仪测试结果，可以推断出三个取样点合成外包料中的主要淤堵物质是 SiO_2 和 $CaCO_3$。

表 3.4　合成外包料上点扫描与面扫描的元素百分数　　　（单位：%）

元素	取样点点和面								
	1#-1P	1#-2P	1#-M	2#-1P	2#-2P	2#-M	3#-1P	3#-2P	3#-M
C	—	—	60.59	43.86	20.96	55.75	19.57	15.49	47.30
O	45.15	52.85	26.46	32.94	47.09	29.15	34.63	37.97	33.30
Si	40.40	29.80	6.16	5.67	5.93	6.56	18.19	14.80	9.31
Ca	3.50	2.10	2.18	13.09	19.39	2.88	3.99	8.51	2.44
Mg	—	—	0.83	1.66	2.15	—	2.37	1.95	1.43
Al	10.94	9.69	2.20	2.78	2.68	2.14	4.99	3.68	3.11
Na	—	5.56	1.02	—	1.22	0.75	1.42	1.46	0.91
K	—	—	0.55	—	0.58	0.81	3.55	1.50	0.70
Fe	—	—	—	—	—	1.78	11.28	14.62	1.48

3.6　合成外包料淤堵物质的来源及淤堵风险

3.6.1　合成外包料和暗管周围土壤中 $CaCO_3$ 的沉淀

为了获得淤堵物质的质量百分数，采用气量法测定合成外包料中淤堵物质的 $CaCO_3$ 质量百分数。通过 $CaCO_3$ 质量百分数可以得出合成外包料上 SiO_2 的质量百分数，如表 3.5 所示。1#～3#取样点合成外包料中淤堵物质 SiO_2 的质量百分数分别为 9.32%、22.86% 和 30.19%，$CaCO_3$ 质量百分数至少为 2.38%、11.16% 和 6.51%。SiO_2 主要来自周围的土壤，容易造成物理淤堵。从 2#取样点同一样品振荡前后的 SEM 图像可知，淤堵物质除了阻塞在纤维孔隙外，还有部分物质吸附于纤维上，表明滤料的淤堵除了由土壤颗粒引起的物理淤堵外，还可能存在由化学物质沉淀诱发的化学淤堵。这些结果与 Veylon 等（2016）对法国特里耶夫（Trièves）地区排水渠中合成外包料的观察一致。由此可见，物理淤堵和化学沉淀是造成合成外包料淤堵的主要原因。

表3.5 合成外包料中淤堵物质及土壤中碳酸钙的质量百分数

取样点编号	位置	碳酸钙质量百分数/%	
		土壤	合成外包料中淤堵物质
1#	A	5.24	3.75
	B	4.59	5.41
	C	5.11	2.38
	均值	4.98	3.85
2#	A	16.18	11.36
	B	15.95	12.62
	C	15.72	11.16
	均值	15.95	11.71
3#	A	8.00	10.98
	B	8.30	10.19
	C	8.79	6.51
	均值	8.36	9.23

1#和2#取样点合成外包料淤堵物质中碳酸钙的质量百分数均值比周围土壤中碳酸钙的质量百分数均值小，然而3#取样点合成外包料淤堵物质中碳酸钙的质量百分数比周围土壤中碳酸钙的质量百分数高，这种现象可能与地下排水管道的服役时长有关。碳酸钙沉积很可能是一个化学过程，晶体沉积物的形成比较缓慢（Stuyt et al.，2005）。3#取样点排水暗管运行时间最长为15年，1#和2#取样点排水暗管运行时长分别为3年和7年。由此可见，地下排水暗管化学淤堵的风险随运行时间的增加而增大。

3.6.2 排水暗管合成外包料物理和化学淤堵的敏感性分析

表3.6列出了三个取样点三个位置土壤样品的黏粉比与不均匀系数。在1#取样点土壤黏粉比分别是0.19、0.29和0.33，在2#取样点分别是0.22、0.30和0.20，在3#取样点分别是0.19、0.20和0.18。三个取样点的土壤黏粉比均小于0.5，除去3#取样点E位置外，三个取样点的土壤不均匀系数（C_u）均小于15，说明取样点土壤的粉粒含量较高，级配较差，存在较高的物理淤堵风险。

表 3.6　1#～3#取样点的土壤黏粉比与不均匀系数（C_u）

取样点编号	项目	取样位置		
		B	D	E
1#	土壤黏粉比	0.19	0.29	0.33
	C_u	10.18	7.48	6.12
2#	土壤黏粉比	0.22	0.30	0.20
	C_u	9.04	4.77	8.71
3#	土壤黏粉比	0.19	0.20	0.18
	C_u	9.95	10.06	22.51

表 3.7 列出了三个取样点土壤的 d_{90}、合成外包料 O_{90} 理论范围最大孔径及服役前后的实际 O_{90}。三个取样点土壤的 d_{90} 分别为 23.48 μm、24.68 μm 和 62.09 μm，合成外包料 O_{90} 理论范围分别为 23.48～58.70 μm、24.68～61.70 μm 和 62.09～155.23 μm。但是，1# 和 2# 取样点的 O_{90} 大于理论范围的上限，说明合成外包料在这两个取样点具有较高的物理淤堵风险。经过 15 年的运行，3# 取样点的 O_{90} 为 121.00 μm，满足防止物理淤堵的标准。在使用前，3# 取样点的 O_{90} 为 478.12 μm，比保留标准大。这可能是因为淤堵物质使合成外包料的大孔隙减少，使孔径分布满足要求。这与合成外包料渗透试验中物理淤堵导致合成外包料渗透性迅速下降然后保持稳定的结果一致（Hassanoghli and Pedram，2015）。

农田排水暗管合成外包料中的化学沉淀可能是由灌溉水中的盐引起的（Nia et al.，2010；Stuyt et al.，2005）。三个取样点灌溉水中主要的离子包括 K^+、Ca^{2+}、Na^+、Mg^{2+}、Cl^-、SO_4^{2-}、CO_3^{2-} 和 HCO_3^-，PHREEQC 3.4 用来计算灌排水中可能的矿物质及其饱和指数，如表 3.8 所示（Parkhurst and Appelo，1999），方解石和白云石是灌排水中主要的矿物质。所有灌排水样的 SI 都在 0.5 以上，说明溶液中各矿物相都处于过饱和状态。考虑相平衡时，Ca^{2+} 在三个取样点仍处于准平衡状态（SI=0）。这一结果表明，三个取样点的排水暗管存在潜在的碳酸盐沉淀风险。

表 3.7　1#～3#取样点土壤的 d_{90}、合成外包料 O_{90} 理论范围、最大孔径及服役前后的实际 O_{90}

取样点编号	厚度/mm	d_{90}/μm	最大孔径/μm		合成外包料的 O_{90}/μm		
			未利用合成外包料	原始合成外包料	理论范围	服役前	服役后
1#	0.147	23.48	162.00	104.43	23.48～58.70	247.13	103.99
2#	0.064	24.68	247.13	103.42	24.68～61.70	108.05	102.09
3#	0.312	62.09	478.69	124.21	62.09～155.23	478.12	121.00

表 3.8　1#～3#取样点灌排水中离子质量浓度表（15 ℃）

取样点编号	离子质量浓度/(g/L)								pH	SI
	Cl⁻	CO_3^{2-}	HCO_3^-	SO_4^{2-}	K^+	Na^+	Ca^{2+}	Mg^{2+}		
1#（I）	0.067	0	0.560	0.096	0.025	0.051	0.042	0.024	8.17	方解石（0.84）、白云石（1.65）
2#（I）	0.068	0	0.962	0.070	0.043	0.028	0.060	0.062	7.90	方解石（0.92）、白云石（2.06）
2#（D）	1.116	0.031	1.244	0.065	0.038	0.084	0.172	0.004	8.02	方解石（1.70）、白云石（1.54）
3#（I）	0.130	0	0.652	0.0266	0.080	0.053	0.095	0.022	7.68	方解石（0.77）、白云石（1.12）
3#（D）	0.958	0.061	1.431	0.704	0.085	0.366	0.246	0.021	8.04	方解石（1.98）、白云石（2.71）

注：I 表示灌溉；D 表示排水。

3.7　本 章 小 结

　　本章调查了干旱区盐碱地排水暗管长期服役后的淤堵情况，采用 XRD、SEM-EDS 和孔径分析仪等设备，探究了淤堵物质的矿物组成与元素含量，分析了合成外包料淤堵前后的孔隙分布及渗透系数变化，并对研究区物理和化学淤堵的潜在风险进行了评估，主要结论为：新疆地区排水暗管同时存在物理和化学淤堵的风险。合成外包料中的淤堵矿物主要为方解石和白云石，淤堵物质中 SiO_2 的质量百分数高于 $CaCO_3$ 的质量百分数。合成外包料淤堵后，大孔隙（孔径>125 μm）被淤堵，部分小孔隙（孔径<100 μm）仍然保持畅通，渗透系数下降幅度可达 52.0%～99.5%。

第 4 章

合成外包料化学淤堵的室内试验与规律分析

　　通过对新疆排水暗管淤堵的调查分析可知，合成外包料的淤堵物质主要为 SiO_2 和 $CaCO_3$，其中 $CaCO_3$ 可能源于土壤中盐分的结晶沉淀。为了进一步探究合成外包料中盐分结晶沉淀的形态、分布形式及其对孔隙分布与渗透系数的影响规律，本章通过开展静止和流动条件下合成外包料的结晶沉淀试验，来分别探究盐分结晶沉淀的影响因素及其与渗透过程的互馈关系。

4.1　材料与方法

合成外包料淤堵模拟试验分为两类：第一类是静态溶液中的结晶沉淀试验；第二类是流动溶液中的结晶沉淀试验。

基于对新疆试验区水样的离子分析，两类试验溶液采用分析纯级碳酸氢钠（$NaHCO_3$）和无水氯化钙（$CaCl_2$）进行配制。为了考虑材料结构对化学淤堵的影响，合成外包料采用热熔纺黏土工布，型号为 SF20、SF27 和 SF44，材质为聚丙烯，同时将聚丙烯薄片（简称 PP 片）作为对照，合成外包料和 PP 片的物理结构不同，一种是网状结构，一种是膜状结构，具体特性如表 4.1 所示。剪取直径为 3 cm 的质量相近的圆形合成外包料样品和 PP 片，称量标号，通过千分尺测量合成外包料样品的厚度，分析天平测量合成外包料质量。将分析纯级 $NaHCO_3$、$CaCl_2$ 晶体溶解于三级去离子水中配制 $NaHCO_3$、$CaCl_2$ 溶液，随后使用真空吸滤设备将溶液通过 0.22 μm 滤纸后密封保存。两种溶液分别储存在不同的容器中，同时要非常小心地防止溶液中出现灰尘、不溶物等。试验中使用的玻璃器皿均用 10% HNO_3 洗涤，用去离子水润洗数次，干燥后使用。

表 4.1　不同型号合成外包料的物理特性

类型	面密度/(g/m²)	厚度/mm	渗透系数/(cm/s)
SF20	68	0.210	$3.04×10^{-2}$
SF27	89	0.229	$2.00×10^{-2}$
SF44	150	0.377	$1.10×10^{-2}$
PP 片	331	0.369	—

4.2　试验装置及条件

4.2.1　静态溶液结晶沉淀试验

静态溶液结晶沉淀试验主要用于探究合成外包料结构，以及溶液初始浓度和温度对盐分在合成外包料上结晶沉淀过程的影响。试验装置如图 4.1 所示，采用 500 mL 反应瓶，将预先配制的 $NaHCO_3$、$CaCl_2$ 溶液等体积（200 mL）混合后倒入反应瓶中，密封放置，使用盐分自动监测系统监测溶液电导率随时间的变化。合成外包料被针头固定在密封的反应瓶液面下，反应瓶中盐分探测器与数据收集系统相连。试验前，盐分自动监测系统用电导率仪进行校核。当反应瓶中溶液的电导率保持稳定时，将合成外包料样品从反应瓶中取出。将样品放置在去离子水中，洗去合成外包料表面游离的盐离子，然后放在吸水纸上自然晾干。同时，设置对照实验，即反应瓶中不放置样品。

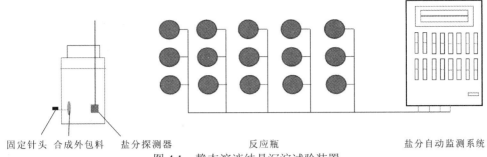

固定针头　合成外包料　盐分探测器　　　　　　反应瓶　　　　　　　盐分自动监测系统

图 4.1　静态溶液结晶沉淀试验装置

设置 5 个浓度水平，$NaHCO_3$ 和 $CaCl_2$ 溶液的浓度分别为 0.001 mol/L、0.005 mol/L、0.010 mol/L、0.020 mol/L 和 0.040 mol/L，溶液温度控制在 20 ℃，以探究浓度对碳酸钙在合成外包料上结晶沉淀的影响。在此条件下，混合溶液的初始饱和指数分别为 0.01、1.18、1.53、1.91 和 2.27，提供饱和指数接近 0 到过饱和的溶液环境。

根据干旱区地下排水系统合成外包料工作温度的范围，设置了 0 ℃、10 ℃、20 ℃、30 ℃和 40 ℃ 5 个温度水平。将 0.010 mol/L 的 $NaHCO_3$ 和 $CaCl_2$ 溶液加热至指定温度，然后混合，来研究温度对碳酸钙在合成外包料上结晶沉淀的影响。

4.2.2　流动溶液结晶沉淀试验

流动溶液结晶沉淀试验主要用于探究流动条件下盐分在合成外包料上的结晶沉淀过程及其对合成外包料渗透系数的影响。试验装置如图 4.2 所示。图 4.2（a）为控制流量的试验装置，由两个恒流蠕动泵、反应柱（夹持外包料）、尾液瓶和铁架台组成。图 4.2（b）为控制水头的试验装置，由两个马氏瓶、反应柱（夹持合成外包料）、尾液瓶、排气阀和恒温恒湿箱组成。反应柱内径为 3 cm，长度为 10 cm，通过固定装置将合成外包料固定在反应柱的中间，过水断面直径为 2.5 cm，然后通过两个恒流蠕动泵等流量通入 $NaHCO_3$ 和 $CaCl_2$ 溶液，两个恒流蠕动泵所连接的导管的长度相等，如图 4.2 所示。流动溶液结晶沉淀试验设计方案如表 4.2 所示。以上试验进行过程中，实验室内采用日光灯不间断照明。试验前后合成外包料的形态如图 4.3 所示。

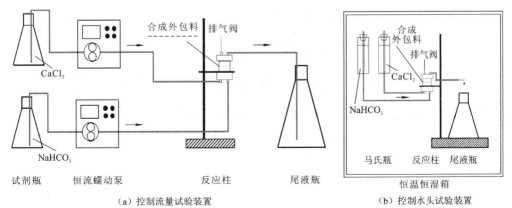

试剂瓶	恒流蠕动泵	反应柱	尾液瓶

（a）控制流量试验装置

恒温恒湿箱　　马氏瓶　反应柱　尾液瓶

（b）控制水头试验装置

图 4.2　流动溶液结晶沉淀试验装置

表 4.2 流动溶液结晶沉淀试验设计方案

试验名称	C_a/(mol/L)	T/℃	K_0/(cm/s)	V/(10^{-3} cm/s)	W/cm³	t/h
等水头不同浓度	0.005 0.010 0.020	20	0.056	—	2 000	—
等水头不同温度	0.010	0 10 20	0.056	—	2 000	—
等水头不同渗透系数	0.010	20	0.076 0.056 0.040	—	2 000	—
等时间不同流速	0.010	20	0.056	2.04 6.12 10.2 20.4	2 000 6 000 10 000 20 000	55.5
等体积不同流速	0.010	20	0.056	2.04 6.12 10.2 20.4	2 000	55.5 18.5 11.1 5.55

注：C_a 为溶液浓度；T 为溶液温度；K_0 为初始渗透系数；V 为溶液流速；W 为反应溶液体积；t 为试验总时长。

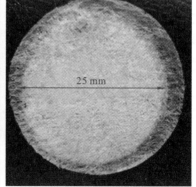

（a）试验前　　　　　　　　（b）试验后

图 4.3 流动溶液结晶沉淀试验前后的合成外包料形态

4.3 测试分析方法

4.3.1 合成外包料淤堵物质分析

合成外包料及结晶沉淀物质的微观形貌对合成外包料的渗透系数有较大影响。通过超景深三维显微系统（VHX-5000）可以直接观察到合成外包料及其上部结晶沉淀物质的形貌。采用 XRD 对结晶沉淀试验后合成外包料和 PP 片上的沉淀物质进行了物相分析。所有的 XRD 数据均在相同的试验条件下采集，角度（2θ）为 $10°\sim80°$。

4.3.2 合成外包料水力性能分析

采用定水头法测定合成外包料的渗透系数，将合成外包料样品放置于垂直渗透系数测试仪中，从下往上通水使合成外包料逐渐饱和，静置 24 h 后，通过用介电常数测定土工布透水性的标准试验方法（ASTM，2022）进行测量。

4.3.3 合成外包料孔隙特征分析

使用数字图像来量化合成外包料孔隙特征的可行性已被研究者证明（E Silva et al.，2019；Aydilek et al.，2002）。本小节通过发明一种合成外包料孔隙测量系统来直接测定合成外包料结晶沉淀前后的孔径分布，测量系统如图 4.4 所示。其中，合成外包料夹持器用来夹持待测量的合成外包料；面板光源设置在合成外包料夹持器的一侧，对合成外包料进行打光照射；微距镜头设置在合成外包料夹持器的另一侧，对准合成外包料进行图像拍摄。

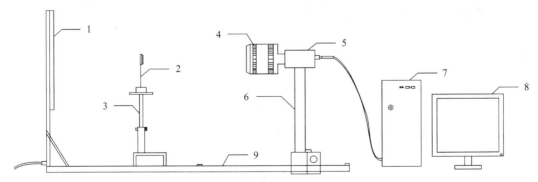

1 面板光源；2 合成外包料夹持器；3、6 立杆；4 微距镜头；5 工业相机；7 主机；8 显示器；9 支撑架

图 4.4 合成外包料孔隙测量系统示意图

计算过程由图像处理单元、卷积计算单元、判断单元、填充单元、孔隙统计单元、控制单元组成。图像处理单元与微距镜头通信模块相连，可以获取图像，并对图像进行二值化处理；构建筛选矩阵 A_n，其中位于矩阵每条边上的边部像素的总个数为 $n+2$，$n \geqslant 1$，边部像素的值均为 1，位于矩阵内部的像素的总个数为 n^2，内部像素的值均为虚数 i，n 的初始值为 1，如图 4.5（a）所示。对于卷积计算单元，按照卷积计算的规则，对当前的筛选矩阵 A_n 进行补零，滑动卷积核，对于与筛选矩阵 A_n 相对应的当前图像像素矩阵中的每一个待计算像素，将卷积核中心与待计算像素分别对齐，并求乘积和，计算得到相应待计算像素的新像素值。对于判断单元，基于新像素值，对图像上是否存在与当前筛选矩阵 A_n 的内部面积相同的孔隙进行判断。对于填充单元，当判断单元判断结果为是时，将图像上新像素值所对应的像素均填充为黑色。对于孔隙统计单元，统计当前图像被填充前的白色像素的总数 S_1，并统计填充单元将所有判断结果为是的像素都填充完毕后图像中白色像素的总数 S_2，然后将 $(S_1-S_2)/S_n$ 作为面积为 S_n 个像素的孔隙的数量，$S_n=$ 当前筛选矩阵 A_n 的内部像素个数 n^2。控制单元与其余五个单元通信相连，控制它们的运行，并在孔隙统计单元统计出孔隙的数量后，控制筛选矩阵构建单元将 n 的值加 1，如图 4.5（b）、（c）所示，构建新的筛选矩阵 A_n 作为当前筛选矩阵 A_n，并将填充处理后的图像作为新的图像，然后控制卷积计算单元、判断单元、填充单元、孔隙统计单元进行下一轮处理。在 $S_1-S_2=0$ 的情况下，卷积计算单元、判断单元、填充单元、孔隙统计单元停止运行，孔隙测量完毕。

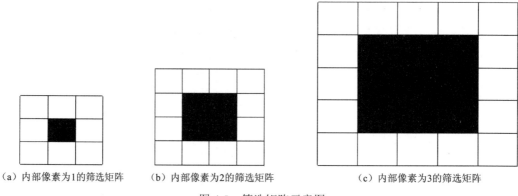

（a）内部像素为1的筛选矩阵　　（b）内部像素为2的筛选矩阵　　　　（c）内部像素为3的筛选矩阵

图 4.5　筛选矩阵示意图

在流动溶液结晶沉淀试验等时间不同流速处理中，在流速大于 $2.04×10^{-3}$ cm/s 后，合成外包料外部基本被沉淀物质封堵，孔隙面积减少 100%。因此，只对等水头不同浓度（0.005 mol/L、0.010 mol/L 和 0.020 mol/L）、等水头不同温度（0 ℃、10 ℃和 20 ℃）和等体积不同流速（$2.04×10^{-3}$ cm/s、$6.12×10^{-3}$ cm/s、$1.02×10^{-2}$ cm/s 和 $2.04×10^{-2}$ cm/s）这 10 种试验方案的 30 个合成外包料样品进行拍照，共采集图像 60 张，试验前后各 30 张。图像尺寸为 16.38 mm×16.38 mm，如图 4.6 所示。

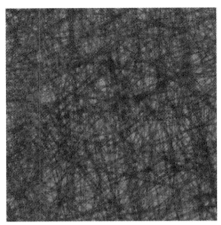
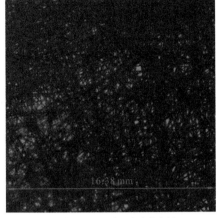

（a）未利用合成外包料　　　　　　（b）结晶沉淀试验后合成外包料

图 4.6　未利用合成外包料和结晶沉淀试验后合成外包料的图像

扫一扫，见彩图

4.3.4　沉淀速率与沉淀量

用电导率仪测量一系列等体积、不同浓度的 $CaCl_2$ 和 $NaHCO_3$ 混合溶液的电导率，用 0.22 μm 滤纸过滤后，通过滴定法测定混合溶液中的钙离子浓度，其与电导率的关系如式（4.1）所示。

$$C_{Ca} = 4.0 \times 10^{-6} \times EC - 0.0011, \quad R^2 = 0.998 \tag{4.1}$$

式中：C_{Ca} 为钙离子浓度，量纲为 NL^{-3}；EC 为溶液电导率，量纲为 $L^{-3}M^{-1}T^3I^2$。混合溶液中钙离子浓度与溶液电导率呈良好的线性关系（$R^2 = 0.998$）。因此，可以用溶液电导率的变化过程来监测溶液中钙离子浓度的变化。

选取典型的动力学方程来表征碳酸钙晶体的析出过程并确定析出速率，拟合方程如式（4.2）所示。

$$\lg Ca_t = \lg(m \times Ca_0) - k_1 \times \lg t \tag{4.2}$$

式中：Ca_0 为初始的钙离子浓度，量纲为 NL^{-3}；Ca_t 为 t 时刻钙离子浓度，量纲为 NL^{-3}；t 为结晶沉淀试验时间，量纲为 T；m 为经验系数，量纲为 LT^{-1}；k_1 为沉淀速率，量纲为 NL^3T^{-1}。

合成外包料上的沉淀量是指结晶沉淀试验前后合成外包料样品质量的变化。在测量质量之前，这些合成外包料被放置在吸水纸上，并在相同的条件下自然风干，参照测量合成外包料单位面积质量的标准试验方法（ASTM，2018）进行测量。合成外包料上的沉淀量可以表示为沉淀量的面密度，如式（4.3）所示。

$$R = \frac{m_1 - m_0}{A} \tag{4.3}$$

式中：R 为沉淀量的面密度，量纲为 ML^{-2}；m_1 为结晶沉淀试验后合成外包料的质量，量纲为 M；m_0 为原始合成外包料的质量，量纲为 M；A 为合成外包料过水断面面积，量纲为 L^2。随着 R 的增加，更多的沉淀物在合成外包料纤维之间的孔隙中积累。

采用单因素方差分析不同处理方法中溶液电导率差异。单因素方差分析是一种用于比较两个或多个组之间均值差异的统计方法，零假设认为因素对因变量无显著影响，备择假设认为因素对因变量有显著影响。拟定统计检验的显著水平 $P=0.05$，若计算得到的统计学概率值 P 小于 0.5，则有显著影响，否则无显著影响。

4.4　合成外包料上结晶沉淀过程及其影响因素

4.4.1　静态溶液中结晶沉淀过程

静态溶液结晶沉淀试验中钙离子浓度的变化如图 4.7 所示。在相同的初始钙离子浓度条件下，合成外包料、PP 片和空白对照的钙离子浓度变化曲线基本一致。所有变化曲线在试验前期均呈快速下降趋势，然后逐渐放缓，最终在 2 000 min 后保持稳定。静态溶液结晶沉淀试验中成功观测到合成外包料上的结晶沉淀过程。

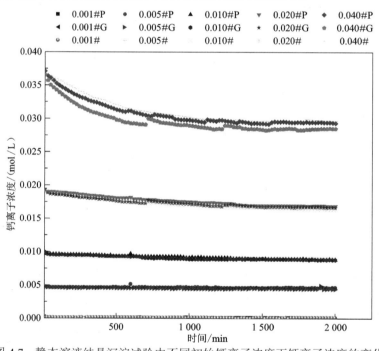

扫一扫，见彩图

图 4.7　静态溶液结晶沉淀试验中不同初始钙离子浓度下钙离子浓度的变化

0.001#P 表示 0.001 mol/L，PP 片；0.001#G 表示 0.001 mol/L，合成外包料；0.001#表示 0.001 mol/L，空白对照

当溶液温度从 0 ℃上升到 20 ℃时，溶液钙离子浓度下降的速度逐渐加快，如图 4.8 所示。当溶液温度超过 20 ℃时，溶液钙离子浓度的变化曲线基本重合，溶液中的钙离子浓度在 2 780 min 后保持不变。合成外包料上的沉淀量也呈现出类似的趋势。当溶液温度为 0 ℃时，合成外包料上的沉淀量较少。随着温度的升高，合成外包料上的沉淀量逐渐增加。但当溶液温度超过 20 ℃时，沉淀量没有增加，稳定在 0.007 9～0.008 1 g，如图 4.9（b）所示。

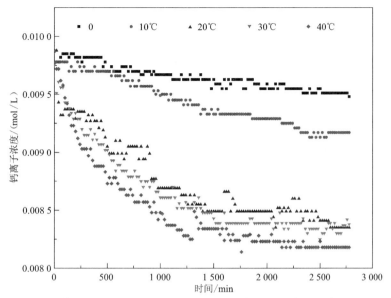

扫一扫，见彩图

图 4.8　静态溶液结晶沉淀试验中不同温度条件下钙离子浓度的变化

利用式（4.2）对静态溶液中的结晶沉淀过程进行拟合，得到合成外包料、PP 片和空白对照的沉淀速率 k_1，如表 4.3 所示。沉淀速率无显著差异（$P > 0.05$）。静态溶液结晶沉淀试验中合成外包料和 PP 片上的沉淀量 Δm 如图 4.9 所示。在初始钙离子浓度相同的条件下，合成外包料与 PP 片的沉淀量没有显著差异（$P > 0.05$），见图 4.9（a）。当初始钙离子浓度分别为 0.001 mol/L、0.005 mol/L、0.010 mol/L、0.020 mol/L 和 0.040 mol/L 时，合成外包料上的沉淀量分别为 0.00 g、2.00×10^{-4} g，3.03×10^{-3} g，1.66×10^{-2} g 和 4.01×10^{-2} g，PP 片上的沉淀量分别为 6.00×10^{-4} g、1.93×10^{-3} g、5.30×10^{-3} g、2.13×10^{-2} g 和 3.77×10^{-2} g。合成外包料与 PP 片都是由聚丙烯制成的，但物理结构不同。合成外包

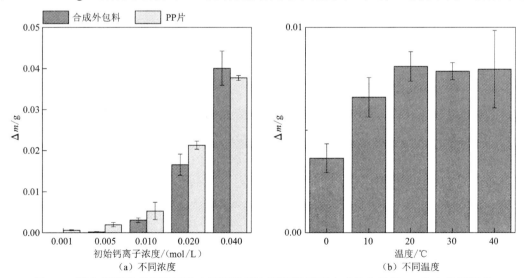

图 4.9　静态溶液结晶沉淀试验中不同浓度与不同温度下合成外包料和 PP 片上的沉淀量

误差棒表示三个独立重复试验的数据的标准偏差

料为网状结构，PP 片为膜状结构。试验结果表明，合成外包料的网状结构对结晶沉淀过程没有明显的促进或抑制作用。

表 4.3　静态溶液结晶沉淀试验中不同物料、温度和浓度条件下的沉淀速率

温度/℃	初始钙离子浓度/（mol/L）	时间/min	沉淀速率/（mol/min）		
			合成外包料	PP 片	空白对照
20	0.005	2 000	$1.24×10^{-2}$	$4.01×10^{-3}$	$8.65×10^{-3}$
	0.010		$2.53×10^{-2}$	$2.37×10^{-2}$	$1.55×10^{-2}$
	0.020		$3.24×10^{-2}$	$3.50×10^{-2}$	$4.17×10^{-2}$
	0.040		$5.46×10^{-2}$	$5.55×10^{-2}$	$5.97×10^{-2}$
0	0.01	2 800	$4.19×10^{-2}$	—	—
10			$3.79×10^{-2}$	—	—
20			$3.61×10^{-2}$	—	—
30			$1.89×10^{-2}$	—	—
40			$9.03×10^{-3}$	—	—

当初始钙离子浓度较低（<0.005 mol/L）时，溶液钙离子浓度保持相对稳定。当初始钙离子浓度>0.005 mol/L 时，溶液钙离子浓度随时间推移逐渐降低。初始钙离子浓度越高，沉淀速率越快溶液钙离子浓度下降越快。初始钙离子浓度对沉淀速率有显著影响（$P<0.05$）。

4.4.2　流动溶液中结晶沉淀过程

在流动溶液结晶沉淀试验中，合成外包料上结晶沉淀量随温度的升高而增加。当温度从 0℃增加到 20℃时，沉淀量从 0.002 g 增加到 0.021 g，增加了近 10 倍，如图 4.10（a）所示。合成外包料上结晶沉淀量随着溶液初始钙离子浓度的增加而增加，如图 4.10（b）所示。当初始钙离子浓度分别为 0.005 mol/L、0.010 mol/L 和 0.020 mol/L 时，合成外包料上的沉淀量分别为 0.002 g、0.019 g 和 0.053 g，大于静态溶液结晶沉淀试验中同等初始钙离子浓度条件下合成外包料上的结晶沉淀量。

当等体积（1 000 mL）的 $CaCl_2$ 和 $NaHCO_3$ 溶液以不同流速混合通过合成外包料时，合成外包料上的结晶沉淀量随着流速的增加而减小，如图 4.10（c）所示。当断面流速为 $2.04×10^{-3}$ cm/s 时，合成外包料上的最大沉淀量为 0.054 g。当断面流速分别为 $6.12×10^{-3}$ cm/s、$1.02×10^{-2}$ cm/s 和 $2.04×10^{-2}$ cm/s 时，合成外包料上的结晶沉淀量分别为 0.008 g、0.004 g 和 0.002 g，呈负相关关系。从图 4.10（d）可以看出，在相同的试验时间和不同的流速下，随着流速的增加，合成外包料上的结晶沉淀量增加。断面流速增加 10 倍时，结晶沉淀量增加 12.6 倍。等时间流动溶液结晶沉淀试验表明，当溶液处于过饱和状态时，流速的增加会导致更多的离子在纤维表面沉淀。

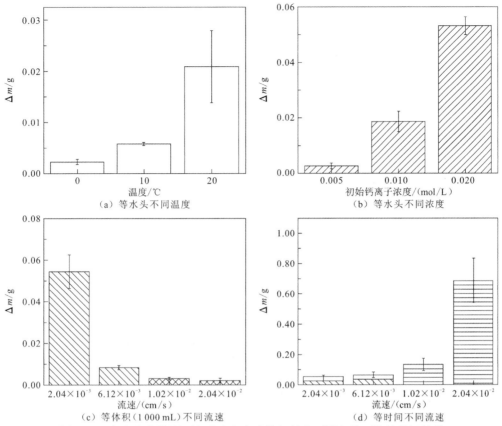

图 4.10　流动溶液结晶沉淀试验中合成外包料在不同条件下的结晶沉淀量

误差棒表示三个独立重复试验的数据的标准偏差

4.4.3　水动力对合成外包料上结晶沉淀的影响

从静态溶液结晶沉淀试验中溶液电导率的变化过程可知，PP 片和合成外包料对碳酸钙结晶沉淀过程无显著影响，这是因为 PP 片和合成外包料的材料均为聚丙烯，材料表面具有相同的表面结合能（Quddus and Al-Hadhrami，2009），PP 片和合成外包料对溶液中的结晶沉淀物质具有相同的吸附能力。这与 Stockmann 等（2014）得到的碳酸钙的沉淀速率独立于生长基底的研究结果一致。综上所述，在静态溶液条件下，合成外包料的网状结构对化学沉淀过程没有促进或抑制作用。

已有研究表明，溶液饱和度是碳酸钙沉淀动力学的唯一因素（Noiriel et al.，2016；Lin and Singer，2005）。在静态溶液结晶沉淀试验中，当溶液温度为 0 ℃、10 ℃、20 ℃、30 ℃和 40 ℃时，溶液的过饱和指数分别是 1.33、1.50、1.65、1.78 和 1.91。当溶液的温度高于 20 ℃时，合成外包料上的结晶沉淀量无明显增加，这一结果可能与静态溶液结晶沉淀试验中的水动力因素有关。当温度升高到 20 ℃以上时，溶液的反应速率较快。温度越高，达到平衡的时间越短，如图 4.8 所示。因此，在静态溶液结晶沉淀试验中，沉积在合成外包料上的盐分只来自合成外包料周围溶液中的离子，温度变化不会导致结晶沉淀量的显著增加，如图 4.9（b）所示。

在流动溶液结晶沉淀试验中，随着溶液浓度和温度的升高，合成外包料上的结晶沉淀量增加，这是因为溶液浓度和温度的升高会增加溶液的饱和度。在流动条件下，溶液通过两个进水口在反应柱端混合，然后通过合成外包料。因此，通过合成外包料的溶液可以保持初始饱和度，进而可以保持碳酸钙的沉淀速率。溶液中的离子能够不断输送到合成外包料表面，沉淀物质不断累积（Muryanto et al.，2014；Quddus and Al-Hadhrami，2009）。

在等体积流动溶液结晶沉淀试验中，合成外包料上的沉淀量随流速的增加而减小。这是因为在相同的饱和条件下，碳酸钙的晶体沉淀速率相同，流速的增加减少了溶液通过合成外包料的时间，减少了沉淀物质的积累时间。综上所述，流速增加有利于碳酸钙在合成外包料纤维上沉淀的形成。在等时间不同流速结晶沉淀试验中，合成外包料上的沉淀量随着流速增加而增加。这是因为在相同的沉淀速率条件下，流速越快，更多反应性离子将通过合成外包料，将会有更多沉淀生成。

4.5　合成外包料的孔隙分布及结晶沉淀物质的形貌

4.5.1　合成外包料的孔隙分布及其影响因素

图 4.11 为流动溶液结晶沉淀试验前后合成外包料的孔径分布。原始合成外包料的初始孔径分布主要在 0～360 μm 范围内。随着结晶沉淀物质质量的增加，合成外包料孔隙数量减少。从分布特征上看，小孔隙数量减少较多。在 0.020 mol/L 浓度条件下，合成外包料孔隙基本被淤堵，只有约 4.28%的孔隙保持开放，且均为小孔隙。孔径分布范围减小到 120 μm 以下，如图 4.11（a）所示。20℃时，有 31.47%的孔隙未被淤堵，合成外包料孔径分布小于 250 μm，如图 4.11（b）所示。当断面流速为 2.04×10^{-3} cm/s 时，合成外包料的开孔率仅为 14.61%，孔径分布减小到 200 μm 以下，如图 4.11（c）所示。合成外包料上析出物的 XRD 图如图 4.12 所示。在 Jade 6.5 中，与 PDF 2004 标准卡片相比，可以看到沉淀物质以方解石的形式存在。

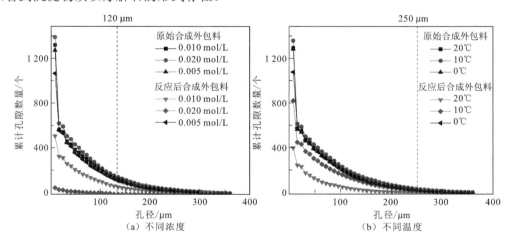

（a）不同浓度　　　　　　　　　　（b）不同温度

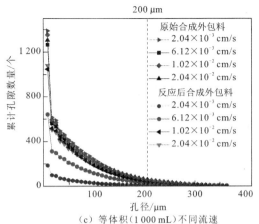

扫一扫，见彩图

（c）等体积（1 000 mL）不同流速

图 4.11　流动溶液结晶沉淀试验前后合成外包料的孔径分布

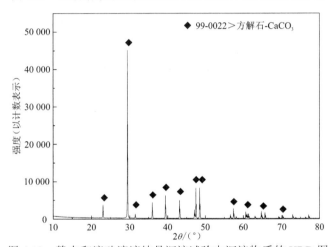

图 4.12　静态和流动溶液结晶沉淀试验中沉淀物质的 XRD 图

随着结晶沉淀物质的增多，合成外包料的孔隙明显减少，这与实际排水工程中长期使用的合成外包料淤堵前后孔隙的变化一致（Veylon et al.，2016）。Guo 等（2020）通过现场调研发现，排水暗管经过长期服役后，合成外包料围护结构的大孔隙被淤堵。在室内结晶沉淀试验中，合成外包料的孔隙分布曲线在小孔隙端有较大幅度的下降。合成外包料的孔径随着附着在纤维上的沉淀物质的增多而逐渐减小，这一淤堵特征与 Palmeira 等（2008）在室内试验中发现的合成外包料中的生物淤堵相似。这可能是由于生物和化学淤堵过程的特点均是淤堵物质（化学沉淀或微生物及其分泌物）在合成外包料纤维上黏附和生长。在这一过程中，以小孔隙为主的合成外包料的大孔隙逐渐变成小孔隙，小孔隙被淤堵。但在 Guo 等（2020）的研究中，长期服役的合成外包料中，物理淤堵物质是主要成分，化学淤堵物质是次要成分。

4.5.2　合成外包料上结晶沉淀物质的形貌

合成外包料上结晶沉淀物质的形貌如图 4.13 所示。当初始钙离子浓度较低时，沉淀

（a）静态溶液结晶沉淀试验中不同初始钙离子浓度（0.001 mol/L、0.005 mol/L、0.010 mol/L、0.020 mol/L和0.040 mol/L）条件下合成外包料的微观图图像

（b）静态溶液结晶沉淀试验中不同温度（0℃、10℃、20℃、30℃、40℃）条件下合成外包料的微观图图像

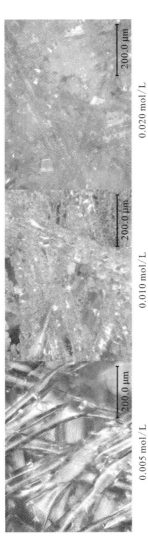

0.005 mol/L　　0.010 mol/L　　0.020 mol/L

（c）流动溶液结晶沉淀试验中不同初始钙离子浓度（0.005 mol/L、0.010 mol/L和0.020 mol/L）条件下合成外包料的微观图像

2.04×10^{-3} m/s　　6.12×10^{-3} m/s　　1.02×10^{-2} m/s　　2.04×10^{-2} m/s

（d）等体积（1000 mL）不同流速（2.04×10^{-3} m/s、6.12×10^{-3} m/s、1.02×10^{-2} m/s、2.04×10^{-2} m/s）条件下合成外包料的微观图像

图4.13 合成外包料上结晶沉淀物质的形貌

物质在合成外包料纤维表面以菱形晶体的形式析出。随着浓度的增加，析出相的数量逐渐增加，独立分散的析出晶体逐渐聚集在一起。合成外包料表面的沉淀晶体将逐渐包裹纤维，表现为"纤维粗化"作用，如图 4.13（a）所示。

从图 4.13（b）可以看到，当温度从 0℃上升到 20℃时，合成外包料上结晶沉淀物质增加，但当温度高于 20℃时，合成外包料上结晶沉淀物质无明显增加，这与合成外包料样品上沉淀量的变化一致。在流动溶液中，合成外包料上的沉淀物随溶液温度和初始钙离子浓度的增加而增加。合成外包料上的沉淀由独立分散的菱形晶体发展到完全包裹纤维表面，然后黏结在一起，完全淤堵大部分孔隙，如图 4.13（c）所示。

随着溶液流速的增加，合成外包料上结晶沉淀物质逐渐减少。在较低的流速下，沉淀物质在合成外包料纤维中以胶结状和较大菱形晶体的形式存在。随着溶液流速的增加，胶结状析出物逐渐消失。沉淀物主要以菱形晶体的形式分布在纤维表面，结晶物质的尺寸明显减小，如图 4.13（d）所示。

在结晶沉淀试验初期，合成外包料和 PP 片上沉淀物质较少，它们大多以独立晶体的形式分布在合成外包料的表面，随着沉淀物质的增多，结晶沉淀物质逐渐将合成外包料纤维包裹起来，呈现出团聚性沉淀，这与 Kim 等（2020）发现的隧道排水系统中碳酸钙在合成外包料上表现为团聚性的淤堵一致。随着结晶物质的逐渐增多，其在合成外包料外面逐渐发展至垢状，这与实际排水工程中长期使用的合成外包料中碳酸钙的表现一致。结晶物质大量聚集后，在静态溶液结晶沉淀试验中仍有独立的晶体形状，在流动溶液结晶沉淀试验中结晶物质呈现糊状聚集，这可能与两者的水动力因素有关。Quddus 和 Al-Hadhrami（2009）研究表明在水动力条件下更活跃的结垢物质被吸附在表面，最终黏附并沉积在基质上，可为成核或外延生长的晶体提供必要的表面结合能。Muryanto 等（2014）发现流动条件下碳酸钙结晶沉淀以不规则球形沉淀为主导，同时存在少量的菱形晶体。Nancollas 和 Reddy（1971）发现在静态溶液结晶沉淀试验中碳酸钙以菱形晶体形式分布。

4.6　合成外包料渗透系数与结晶沉淀量的互馈关系

4.6.1　合成外包料渗透系数对结晶沉淀量的影响

选取不同类型的合成外包料（SF20、SF27 和 SF44）进行等体积等水头流动溶液结晶沉淀试验，结果如表 4.4 所示。当合成外包料的初始渗透系数 K_0 为 0.076 cm/s、0.056 cm/s 和 0.040 cm/s 时，合成外包料上的沉淀量 Δm 分别为 0.001 g、0.006 g 和 0.008 g，渗透系数变化量 ΔK 分别为 0.002 cm/s、0.003 cm/s 和 0.004 cm/s。沉淀量和渗透系数变化量的变化趋势一致，均随合成外包料初始渗透系数的增加而减小。

表 4.4　等体积、等水头流动溶液结晶沉淀试验中合成外包料的质量和渗透系数的测量值

项目	合成外包料		
	SF20	SF27	SF44
m_0/g	0.043	0.063	0.101
K_0/(cm/s)	0.076	0.056	0.040
Δm/g	0.001	0.006	0.008
ΔK/(cm/s)	0.002	0.003	0.004

合成外包料的孔径特性直接影响其渗透性，盐分的结晶沉淀通过改变合成外包料的孔隙分布、粗糙度和连通性，影响合成外包料的渗透性（Ni and Zhang，2013；Miller and Tyomkin，1986）。反之，合成外包料渗透性的变化也会影响盐分在合成外包料纤维上的结晶沉淀。不同类型合成外包料在等体积、等水头流动溶液中的试验结果如表 4.4 所示。由表 4.4 可知，合成外包料渗透系数的降低有利于结晶沉淀物质在合成外包料上的积累。在等体积（1 000 mL）、不同流速的结晶沉淀试验中，随着渗透系数的减小，合成外包料上的结晶沉淀量增加。结果表明，随着合成外包料渗透系数的减小，延长流动溶液中进行的等体积、等水头试验的时间，会导致更多的盐离子在合成外包料纤维上积聚。

4.6.2　结晶沉淀量对合成外包料渗透系数的影响

从图 4.14（a）可以看出，当合成外包料上沉淀量的面密度变化量 $\Delta R \leqslant 42.5$ g/m^2 时，合成外包料开孔率的变化量 ΔS 随沉淀物质面密度的增加而增大。当沉淀物质的面密度大于 42.5 g/m^2 时，合成外包料开孔率的变化量逐渐保持不变，两者之间呈现对数趋势。从图 4.14（b）可以看出，当沉淀物质面密度从 42.5 g/m^2 升至 110.62 g/m^2 时，合成外包料开孔率变化量快速跃升，直至被完全淤堵。从图 4.14（c）可以看出，合成外包料渗透系数变化量随合成外包料开孔率变化量的增大而增大，两者呈现线性趋势。当孔隙被完全淤堵后，渗透系数变化量直线上升，说明合成外包料外部的结晶沉淀仍然会对渗透系数产生影响，如图 4.14（d）所示。

不同结晶沉淀量的合成外包料微观图像见图 4.13（c）、（d）。当结晶沉淀量的面密度变化量小于 42.5 g/m^2 时，沉淀物质主要在合成外包料的纤维之间生长。当结晶沉淀量的面密度从 42.5 g/m^2 升至 110.62 g/m^2 时，合成外包料的渗透系数变化量无明显升高，但当结晶沉淀量的面密度大于 110.62 g/m^2 时，渗透系数的变化量快速上升，然后逐渐保持稳定，如图 4.14（e）、（f）所示。

结合合成外包料的微观图像，以合成外包料的孔隙被完全淤堵为标志（孔隙面积变化量为 100%），可以将合成外包料的结晶沉淀过程划分为前后两个时期，前期为内部纤维结晶沉淀过程（$\Delta R \leqslant 110.62$ g/m^2），后期为外部结垢生长过程（$\Delta R > 110.62$ g/m^2）。在合成外包料内部纤维结晶沉淀过程中，合成外包料纤维被结晶物质逐渐包裹，开孔孔隙

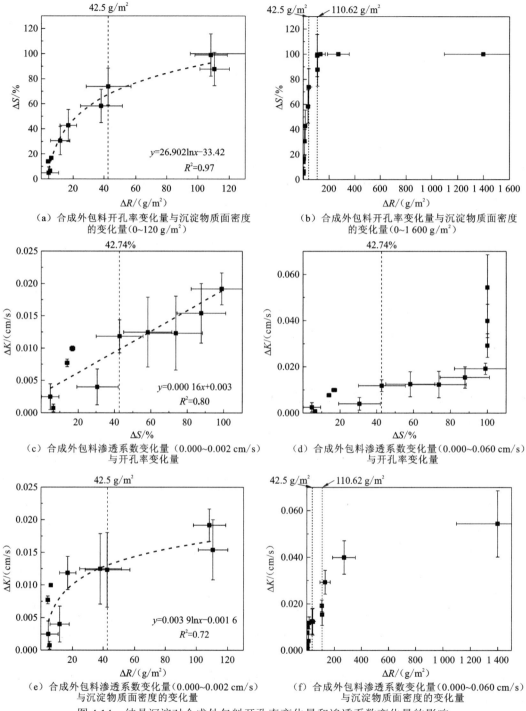

（a）合成外包料开孔率变化量与沉淀物质面密度
的变化量（0~120 g/m²）

（b）合成外包料开孔率变化量与沉淀物质面密度
的变化量（0~1 600 g/m²）

（c）合成外包料渗透系数变化量（0.000~0.002 cm/s）
与开孔率变化量

（d）合成外包料渗透系数变化量（0.000~0.060 cm/s）
与开孔率变化量

（e）合成外包料渗透系数变化量（0.000~0.002 cm/s）
与沉淀物质面密度的变化量

（f）合成外包料渗透系数变化量（0.000~0.060 cm/s）
与沉淀物质面密度的变化量

图 4.14　结晶沉淀对合成外包料开孔率变化量和渗透系数变化量的影响

的总面积随着淤堵物质的增多而减少，进而造成流动通道的减少和渗透系数的降低（Ni and Zhang，2013；Miller and Tyomkin，1986）。结晶沉淀通过影响合成外包料的孔隙面积来影响渗透系数。随着沉淀物质面密度的增大，合成外包料的孔隙面积和渗透系数先迅速减小，然后缓慢下降。渗透系数变化量（ΔK）和开孔率变化量（ΔS）随着沉淀物质面密度的变化（ΔR）呈对数增长趋势。渗透系数变化量（ΔK）和开孔率变化量（ΔS）呈线性增长趋势，当开孔率变化量（ΔS）超过 42.74%时，ΔK 和 ΔS 没有显著变化。这可能是因为合成外包料的开孔率直接影响渗透过程，但不是唯一的影响因素。从图 4.14（a）、（e）可知，沉淀物质的面密度增加到 42.5 g/m² 后，合成外包料的开孔率和渗透系数的变化保持稳定。

当沉淀物质的面密度大于 110.62 g/m² 时，沉淀物主要黏附在合成外包料外，几乎完全淤堵合成外包料孔隙，合成外包料渗透系数的变化量保持稳定。合成外包料纤维内晶体沉淀物的垂直堆积对合成外包料孔径的影响将减弱，合成外包料孔隙面积不再变化，如图 4.14 所示。然而，随着合成外包料结晶沉淀量的继续增长，合成外包料将进入外部结垢生长过程，此时，渗透系数快速下降，然后逐渐保持稳定。这说明合成外包料纤维间的结晶沉淀并不能完全淤堵水流通道，但会对渗透系数产生较大影响。

4.7　本章小结

通过开展静态和流动溶液结晶沉淀试验，本章分析了合成外包料上碳酸钙结晶沉淀的形态、分布形式、速率及其影响因素；采用图像分析技术对合成外包料在结晶沉淀试验前后的孔径分布进行了定量分析；探究了结晶沉淀与渗透系数的互馈关系。本章的主要结论如下。

（1）静态溶液结晶沉淀试验中合成外包料结晶沉淀量随着温度、初始钙离子浓度的增加而增加，合成外包料的网状纤维结构对结晶沉淀速率无显著促进或抑制作用（$P>0.05$）。

（2）流动条件下合成外包料的结晶沉淀量随着温度和初始钙离子浓度的增加而增加，等时间条件下流速的增加促进了结晶沉淀的生成。

（3）在合成外包料纤维表面的结晶沉淀呈菱形晶体分布，将纤维逐渐包裹起来，直至将整个合成外包料的孔隙封堵，结晶沉淀的增加会导致合成外包料的孔隙减少，其中以小孔隙的减少为主。

（4）合成外包料的结晶沉淀过程可以分为两个阶段，即内部纤维结晶沉淀过程和外部结垢生长过程，它们均会对渗透系数产生较大影响。在内部纤维结晶沉淀过程中（$\Delta R \leqslant 110.62$ g/m²），随着结晶沉淀物质面密度（ΔR）的增大，合成外包料的开孔率和渗透系数先迅速减小，然后缓慢下降。渗透系数变化量（ΔK）和开孔率变化量（ΔS）随结晶沉淀量面密度的变化量（ΔR）呈对数增长趋势。在外部结垢生长过程（$\Delta R > 110.62$ g/m²），随着结晶沉淀量面密度的变化量（ΔR）的增大，合成外包料的开孔率保持不变，渗透系数先快速减小，然后逐渐保持稳定。

（5）合成外包料纤维间的结晶沉淀并不能完全淤堵水流通道，外部结垢生长会对渗透系数产生较大影响。

第 5 章

合成外包料化学淤堵与渗透系数协同演变模拟

　　通过合成外包料化学淤堵的室内试验可知，溶液的浓度、温度和流速均会对结晶沉淀过程产生影响，合成外包料的孔隙率和渗透系数随着结晶沉淀物质的增加而逐渐减小。这些动态过程难以监测，同时，在干旱区暗管排水工程中低溶解性盐分的沉淀及其对渗透系数的影响较慢，且存在互馈效应。因此有必要发展合适的数学模型对合成外包料上的结晶沉淀淤堵过程进行描述。本章结合合成外包料化学沉淀对渗透系数的影响规律，在合成外包料阻力理论和盐分结晶沉淀理论的基础上，通过"等效加密"和"滤饼封堵"理论概化合成外包料的结晶沉淀过程，构建合成外包料化学淤堵与渗透系数协同演变模型，并通过流动溶液条件下合成外包料的结晶沉淀试验数据对模型进行验证。

5.1　化学淤堵模型建立思路与基本方程

本章建立的合成外包料化学淤堵与渗透系数协同演变模型，按照合成外包料上结晶沉淀物质的面密度划分为内部纤维结晶沉淀过程和外部结垢生长过程对渗透系数进行描述。不同的结晶沉淀过程采用不同的渗透系数计算模型，内部纤维结晶沉淀过程基于合成外包料阻力理论计算渗透系数，外部结垢生长过程通过构建串联叠加模型计算合成外包料的渗透系数，模型的计算框架如图5.1所示。

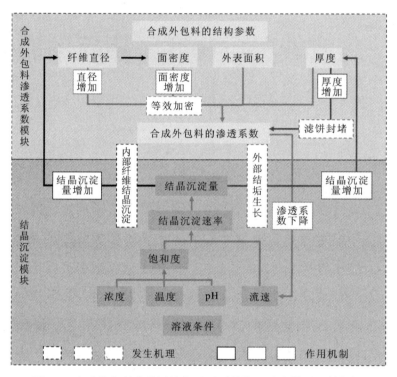

图 5.1　合成外包料化学淤堵与渗透系数协同演变模型计算框架

5.1.1　基于阻力理论的合成外包料渗透系数

1. 理想的合成外包料渗透系数

当流体穿过合成外包料时，会对其产生作用力。这种作用力由流体与合成外包料纤维边界的切应力和垂直于合成外包料纤维表面的压力两部分组成（贝尔，1983）。以此为基础，Iberall（1950）建立了一种新的模型，其适用于由随机分布和直径相同的圆柱纤维组成的多孔介质。该多孔介质中单根纤维单位长度上的作用力如图 5.2 所示，该模型描述为

$$f = 4 \times \pi \times \mu \times V \tag{5.1}$$

式中：f 为单根纤维单位长度上的阻力，量纲为 MT^{-2}；μ 为流体的动力黏度，量纲为 $ML^{-1}T^{-1}$；V 为离纤维一定距离处的流体速度，即合成外包料中流体的平均速度，量纲为 LT^{-1}。

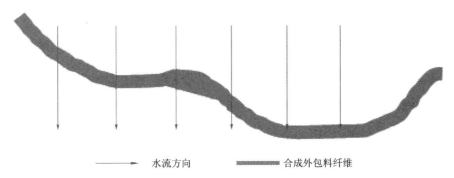

　　　　→　水流方向　　　▬▬▬　合成外包料纤维

图 5.2　单位长度合成外包料纤维受力示意图

　　单位体积内合成外包料所受的阻力等于单位体积内所有纤维上的总阻力。基于表 5.1 的假设，刘丽芳（2002）构建了理想合成外包料渗透系数的表示式。

表 5.1　合成外包料渗透系数模型假设（刘丽芳，2002）

序号	基本假设
1	合成外包料中的纤维均为圆形截面，且直径相同、密度相同
2	全部纤维随机、均匀分布在合成外包料平面内，即与合成外包料平面垂直的方向没有纤维分布，合成外包料为均质、各向同性的
3	相邻纤维之间的距离和每根纤维的长度远远大于纤维直径，即合成外包料具有大孔隙率特征，流体对每根纤维的作用力都是独立的
4	流体仅在垂直于合成外包料平面的方向运动
5	流体具有低雷诺数（Reynolds）特征，流体内部的作用力可以忽略不计

　　合成外包料的密度为单位体积内合成外包料的质量，等于合成外包料面密度与合成外包料厚度的比值，可以表示如下：

$$\rho_g = \frac{\mu_g}{T_g} \tag{5.2}$$

式中：ρ_g 为合成外包料的密度，量纲为 ML^{-3}；μ_g 为合成外包料面密度，量纲为 ML^{-2}；T_g 为合成外包料的厚度，量纲为 L。

　　计算单位体积内纤维的长度，需要先计算纤维的线密度。线密度是纤维很重要的物理特性，指纤维的粗细程度，常用特克斯（tex）、分特克斯（dtex）、毫特克斯（mtex）等表示，本书采用分特克斯（dtex）来表示合成外包料纤维的线密度。假设合成外包料纤维的线密度为 N_{dt}，ρ_f 为合成外包料的密度，则合成外包料的线密度计算如下：

$$\pi \times \left(\frac{d_f}{2}\right)^2 \times \rho_f \times 1\,000 \times 100 = N_{dt} \tag{5.3}$$

由此可得，合成外包料的纤维直径为

$$d_f = 3.568 \times \sqrt{\frac{N_{dt}}{\rho_f}} \times 10^{-4} \tag{5.4}$$

式中：ρ_f 为合成外包料的材料密度，量纲为 ML^{-3}；d_f 为合成外包料的纤维直径，量纲为 L；N_{dt} 为合成外包料的线密度，量纲为 ML^{-1}。

同时，合成外包料单位体积内纤维的总质量等于合成外包料的密度，可以表示如下：

$$\frac{\pi}{4} \times d_f^2 \times l \times \rho_f = \rho_g \tag{5.5}$$

因此，单位体积内纤维的长度可以表示为

$$l = \frac{\mu_g}{T_g \times N_{dt}} \times 10^7 \tag{5.6}$$

式中：l 为单位体积内合成外包料的纤维长度，量纲为 L^{-2}。

当纤维长度与纤维直径的比值非常大时，流体作用在单位体积合成外包料上的总阻力可以看作作用于单位体积内每根纤维上的力的综合：

$$F = f \times l \tag{5.7}$$

根据 Carman（1956，1997）对合成外包料纤维内部流速的研究，假设 V_0 为流体通过合成外包料的断面流速，则合成外包料中流体的平均流速 V 为表观流速 V_0 的 $\sqrt{2}$ 倍：

$$V = \sqrt{2} V_0 \tag{5.8}$$

沿流动方向，单位体积合成外包料单位长度上的压力梯度等于流体作用于合成外包料单位体积内所有纤维上的总阻力，可以表示为

$$\frac{\Delta P}{T_g} = F \tag{5.9}$$

因为根据流体力学基本方程 $\Delta P = \rho g \Delta h$，可得

$$\rho g \Delta h = F \times T_g \tag{5.10}$$

式中：ρ 为液体的密度，量纲为 ML^{-3}；g 为重力加速度，量纲为 LT^{-2}；Δh 为水头损失，量纲为 L。

合成外包料初始渗透系数是渗流的水力梯度等于 1 时的渗透流速，根据达西定律，可得

$$K_0 = \frac{V}{i} = \frac{V T_g}{\Delta h} \tag{5.11}$$

式中：V 为合成外包料纤维内部的实际流速，量纲为 ML^{-1}；i 为水力梯度，量纲为一；Δh 为水头损失，量纲为 L；K_0 为合成外包料的初始渗透系数，量纲为 ML^{-1}。将式（5.1）、式（5.6）～式（5.8）、式（5.10）和式（5.11）整理得到合成外包料初始渗透系数的表达式，如式（5.12）所示。

$$K_0 = \frac{\rho g}{\mu} \times \frac{T_g N_{dt}}{\mu_g} \times 5.63 \times 10^{-9} \tag{5.12}$$

2. 考虑重叠效应的合成外包料渗透系数

从表5.1中的假设2、3可知，此合成外包料的渗透系数模型适用于合成外包料全部纤维均匀分布在织物平面内，且纤维间的距离远大于纤维直径的理想情况。然而，实际的合成外包料纤维之间相互黏结，在流动方向上有叠加，如图5.3（a）所示。绕流物体阻力的特征面积为迎流投影面积或切应力作用面积（赵昕 等，2009）。基于Iberall（1950）提出的水流中的纤维阻力公式，合成外包料纤维纵断面上的重叠效应会减少单位体积内迎水面受水流作用力的纤维长度，进而减小对水流阻力的影响，如图5.3（b）所示。假设其重叠系数为a，则结晶沉淀前实际的合成外包料渗透系数的表达式如式（5.13）所示。

$$K_0 = \frac{\rho g}{\mu} \times \frac{T_g N_{dt}}{a\mu_g} \times 5.63 \times 10^{-9} \tag{5.13}$$

式中：a为重叠系数，量纲为一。

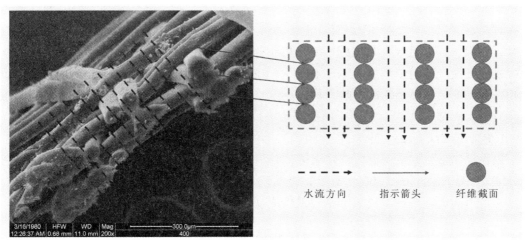

（a）合成外包料纵断面图　　　　　（b）合成外包料纤维重叠效应示意图

图5.3　合成外包料纵断面图及纤维重叠效应示意图

扫一扫，见彩图

5.1.2　合成外包料上的结晶沉淀速率

1. 合成外包料的外表面积

从结晶沉淀试验前后合成外包料的微观形貌（图4.13）可知，在内部纤维结晶沉淀过程中沉淀物质包裹在纤维的外表面上，并逐渐将整个纤维包裹，因此量化合成外包料纤维上结晶沉淀物质的增长速率前，需要先计算合成外包料纤维的外表面积。

根据合成外包料纤维的微观图像可知，合成外包料纤维在纵向分布上有重叠，在横向分布上有黏结，重叠和黏结作用减小了单位体积内纤维的实际外表面积，即减小了结晶沉淀物质的附着表面积，设重叠和黏结作用后合成外包料纤维实际外表面积占理论外表面积的比例为A_n。因此，需要对实际合成外包料的纤维组合方式和空间结构进行分析来计算合成外包料的外表面积。

2. 碳酸钙结晶沉淀速率方程

众多研究表明，碳酸钙的沉淀形式与基底性质密切相关（Stockmann et al.，2013；Ghezzehei，2012；Stockmann et al.，2011）。关于碳酸钙沉淀模型的研究较多，其中最为通用的是以碳酸钙沉淀机制为基础，描述结晶沉淀速率和溶液饱和度之间关系的经验模型（Aagaard and Helgeson，1982；Lasaga，1981）。水溶液中碳酸钙有三种沉淀机制：①碳酸钙的扩散和吸附；②表面螺旋增长；③表面成核以及多核生长（Teng et al.，2000；Nielsen，1984）。该模型可以表达为

$$R_m = k\left[\exp\left(\frac{m\Delta G}{R^*T^*}\right) - 1\right]^n = k(\mathrm{SI}^m - 1)^n \tag{5.14}$$

式中：R_m 为碳酸钙的沉淀速率，量纲为 $NL^{-2}T^{-1}$；k 为正反应速率常数，量纲为 $NL^{-2}T^{-1}$；ΔG 为总反应吉布斯（Gibbs）自由能变化，量纲为 $ML^2T^{-2}L^{-1}$；R^* 为摩尔气体常数，量纲为 $ML^2T^{-2}K^{-1}N^{-1}$；T^* 为热力学温度，量纲为 θ；SI 为溶液饱和指数，量纲为一；n 和 m 为常数，它们被假定包含有关碳酸钙生长机制的信息。$n=1$（线性速率定律）被归因于吸附控制生长所限制的结晶（Nielsen，1984），在某些情况下归因于多源螺旋生长机制（Teng et al.，2000）。这种形式的二阶方程（$n=2$）通过螺旋机构描述螺杆位错处的生长，而高阶方程（$n=2\sim3$）可以应用于螺旋和边缘位错处的生长或二维形核生长（Teng et al.，2000；Blum and Lasaga，1987）。

由流动溶液结晶沉淀试验的结果可知，溶液流速的增加会促进结晶沉淀量的增加。Quddus 和 Al-Hadhrami（2009）通过试验发现，碳酸钙的沉淀速率与流速的开方成正比。因此，可假设流动条件下外部结垢的生长速度为

$$R_g = R_0 \times \left(\frac{V}{V_0}\right)^w \tag{5.15}$$

式中：R_0 为流速为 V_0 时碳酸钙的沉淀速率，量纲为 $NL^{-2}T^{-1}$；V 为合成外包料的平均流速，量纲为 LT^{-1}；w 为流速指数，量纲为一；R_g 为合成外包料表面碳酸钙的沉淀速率，量纲为 $NL^{-2}T^{-1}$。

5.2　合成外包料化学淤堵与渗透系数协同演变模型构建

5.2.1　纤维加密效应假设

从合成外包料化学淤堵后的微观图像可知，结晶沉淀物质在合成外包料纤维表面呈菱形晶体分布，随着结晶沉淀量的增加，合成外包料纤维被逐渐包裹起来，呈现出"纤维加粗效应"，最后将整个合成外包料开孔孔隙封闭，在合成外包料外部继续堆积生长，如图 5.4 所示。根据水力学绕流阻力的基本原理，绕流物体的特征面积为迎流投影面积或切

应力作用面积（赵昕 等，2009）。结晶沉淀后纤维直径的增加使纤维的特征面积成比例增加。基于此，在合成外包料渗透系数模型的基础上构建化学淤堵模型，提出如下假设：

（1）沉淀物质在合成外包料纤维上的生长是均匀的，表征为合成外包料纤维直径的增加；

（2）化学沉淀导致的合成外包料渗流阻力的增加等效于合成外包料的加密效应，见图5.4。

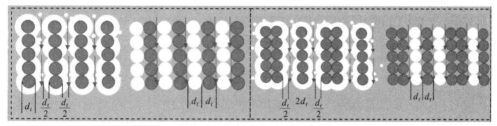

图5.4　合成外包料纤维加密效应假设示意图

根据假设（1）、（2），合成外包料结晶沉淀的"纤维加粗效应"等效于纤维的加密效应可以表示为

$$\Delta l = \frac{2\Delta d}{d_f} \times l = \frac{2R \times v_{cal} \times t}{d_f} \times l \tag{5.16}$$

式中：Δl 为单位体积内纤维的加密效应，量纲为 L；Δd 为纤维表面碳酸钙的生长厚度，量纲为 L；R 为结晶沉淀速率，量纲为 $NL^{-2}T^{-1}$；v_{cal} 为碳酸钙的摩尔体积，量纲为 L^3N^{-1}；t 为结晶沉淀时间，量纲为 T。

根据式（5.7），结晶沉淀后合成外包料单位体积内纤维上的阻力可以表示为

$$F = f \times (l + \Delta l) = f \times \left(1 + \frac{2\Delta d}{d_f}\right) \times l \tag{5.17}$$

则结晶沉淀后合成外包料单位体积内纤维的加密效应因子 ε_{gt} 可以表示为

$$\varepsilon_{gt} = \frac{2\Delta d}{d_f} \tag{5.18}$$

$$F = f \times (1 + \varepsilon_{gt}) \times l \tag{5.19}$$

因此，结晶沉淀后合成外包料的渗透系数表达式如式（5.20）所示。

$$k = 5.63 \times \frac{\rho g}{\mu} \times \frac{T_g N_{dt}}{a(1 + \varepsilon_{gt})\mu_g} \times 10^{-9} \tag{5.20}$$

式中：ε_{gt} 为结晶沉淀后合成外包料单位体积内纤维的加密效应因子，量纲为一。

5.2.2　结垢沉淀效应假设

内部纤维结晶沉淀过程结束后，结晶沉淀量达到临界值 M_{gc}，此时合成外包料的渗透系数 K_{gc}，为

$$K_{gc} = 5.63 \times \frac{\rho g}{\mu} \times \frac{T_g \times N_{dt}}{a(1 + \varepsilon_{gc})\mu_g} \times 10^{-9} \tag{5.21}$$

此后，将在合成外包料的迎水面堆积沉淀物质，结晶沉淀物质在合成外包料表面的堆积会导致滤饼的形成。滤饼厚度的增加会降低合成外包料的渗透性（Weggel and Dortch，2012；Weggel and Ward，2012）。基于此，假设合成外包料表面堆积厚度为 Δd_A，此时结晶沉淀后的合成外包料积累厚度 $T = T_g + \Delta d_A$ 等效于"滤饼封堵"作用，如图 5.5 所示。假设表面堆积封堵效应因子为 ε_s，表达式为

$$\varepsilon_s = \frac{\left(R_g \times t - \dfrac{M_{gc}}{100 A_e} \right) \times v_{cal}}{d_f} \tag{5.22}$$

此时，合成外包料的渗透系数可以表示为

$$K = K_{gc} / (1 + \varepsilon_{gc})^{(1+\varepsilon_s)} \tag{5.23}$$

式中：K 为合成外包料结晶沉淀后的渗透系数，量纲为 LT^{-1}；ε_s 为表面堆积沉淀的封堵效应因子，量纲为一；ε_{gc} 为内部纤维结晶沉淀过程结束后合成外包料纤维的加密效应因子，量纲为一；K_{gc} 为内部纤维结晶沉淀过程结束后合成外包料的渗透系数，量纲为 LT^{-1}；M_{gc} 为内部纤维结晶沉淀过程结束后沉淀物质的质量，量纲为 M；A_e 为合成外包料样本的表面积，量纲为 L^2。

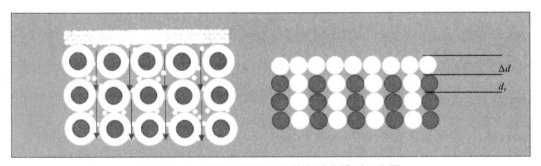

图 5.5　合成外包料结晶沉淀堆积效应模型示意图

5.2.3　模型评价指标

将所开发模型的模拟结果与试验观察结果进行比较，均方根误差（root mean squared error，RMSE）和决定系数（coefficient of determination，R^2），其定义为

$$RMSE = \sqrt{\frac{1}{n} \sum_{i=1}^{n} (y_i - Y_i)^2} \tag{5.24}$$

$$R^2 = \frac{\left[\sum_{i=1}^{n} (y_i - \bar{y})(Y_i - \bar{Y}) \right]^2}{\sum_{i=1}^{n} (y_i - \bar{y})^2 \sum_{i=1}^{n} (Y_i - \bar{Y})^2} \tag{5.25}$$

式中：i 为结果的序列号；n 为结果的总数；y_i 为模拟结果；$\bar{y}$ 为平均的模拟结果；Y_i 为参考结果；$\bar{Y}$ 为平均参考结果。

5.3 参 数 确 定

5.3.1 合成外包料的实际外表面积

随机选择合成外包料样品上 5 个位置的微观图像,统计编号为 1~5 的图片上非黏结纤维和黏结纤维的数量,由统计结果可知合成外包料样品中非黏结纤维与黏结纤维的数量比例约为 1∶1,如图 5.6 所示。另外,从图 5.6 中可知,纤维之间的黏结压缩使接触面面积增加。合成外包料纤维单层重叠时会减小单位体积内纤维的外表面积,不同的叠加方式外表面积的减小比例不同。假设非黏结纤维之间的黏结重叠会使纤维的外表面积减少 25%,不同黏结和重叠组合时,纤维实际外表面积占理论外表面积的比例也不同,如图 5.7 所示。根据合成外包料中非黏结纤维和黏结纤维 1∶1 的分布比例计算得到

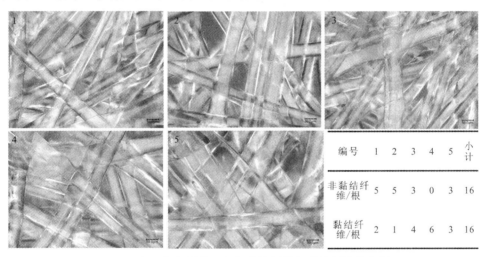

扫一扫,见彩图

编号	1	2	3	4	5	小计
非黏结纤维/根	5	5	3	0	3	16
黏结纤维/根	2	1	4	6	3	16

图 5.6 合成外包料样品中非黏结纤维与黏结纤维的比例

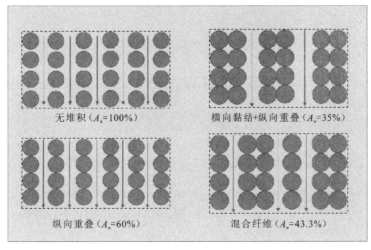

无堆积(A_n=100%)   横向黏结+纵向重叠(A_n=35%)

纵向重叠(A_n=60%)   混合纤维(A_n=43.3%)

图 5.7 合成外包料样品中纤维实际外表面积占理论外表面积的比例

合成外包料纤维实际外表面积为单位体积内纤维理论外表面积的 43.3%。合成外包料样品的厚度 T_g 均值为 2.52×10^{-4} m，面密度 μ_g 均值为 8.7×10^{-2} kg/m²，合成外包料纤维的材料密度为 910 kg/m³，线密度为 17.87 dtex，纤维直径为 5.0×10^{-5} m，根据式（5.2）～式（5.6）可以计算得到理想条件下合成外包料纤维外表面积为 3.75×10^{-3} m²。因此，合成外包料样品（直径为 2.5 cm）单位体积内纤维实际外表面积为 1.62×10^{-3} m²。

5.3.2 结晶沉淀速率

在等流速（2.04×10^{-5} m/s）结晶沉淀试验中，温度设置为 20 ℃，当 NaHCO₃ 和 CaCl₂ 混合溶液的浓度分别为 0.005 mol/L、0.010 mol/L 和 0.020 mol/L 时，溶液的饱和指数分别为 1.18、1.53 和 1.91，流动溶液结晶沉淀试验（试验时长为 55.5 h）后合成外包料上的结晶沉淀量分别为 0.014 1 g、0.054 4 g 和 0.215 g。假设结晶沉淀试验过程中，溶液条件不变时，合成外包料纤维上的结晶沉淀速率为常数。基于合成外包料纤维实际外表面积，可以得到流动条件下合成外包料上的结晶沉淀速率与溶液饱和度 SI 的关系，如图 5.8 所示。从图 5.8 中可知，合成外包料上的结晶沉淀速率随着溶液饱和度的增加呈幂函数增加趋势，当溶液的浓度分别从 0.005 mol/L 增加至 0.010 mol/L 和 0.020 mol/L 时，碳酸钙结晶沉淀速率分别增加 3.86 倍和 15.25 倍，浓度越高，结晶沉淀速率越快。

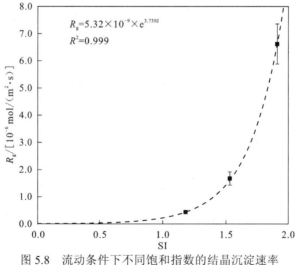

图 5.8　流动条件下不同饱和指数的结晶沉淀速率

$$R_g = 5.32 \times 10^{-9} \times e^{3.73SI} \tag{5.26}$$

同理，根据等时间不同流速下合成外包料的结晶沉淀量，可以得到不同流速作用下水溶液中合成外包料上的结晶沉淀速率，如图 5.9 所示。随着溶液流速的增加，碳酸钙在合成外包料上的结晶沉淀速率快速增加，设溶液的流速为 $V_0 = 2.04 \times 10^{-5}$ m/s 时，碳酸钙在合成外包料上的结晶沉淀速率为 $R_{g0} = 1$，则当溶液流速增加至 6.12×10^{-5} m/s、

1.02×10^{-4} m/s 和 2.04×10^{-4} m/s 时，碳酸钙的结晶沉淀速率分别为 1.19 mol/（$m^2 \cdot s$）、2.45 mol/（$m^2 \cdot s$）、12.62 mol/（$m^2 \cdot s$），如图 5.9 所示。

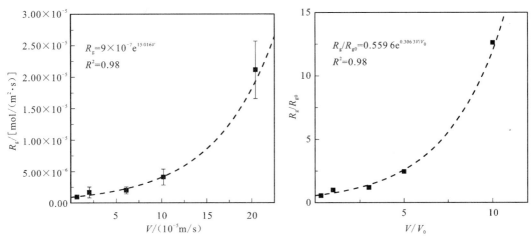

（a）不同流速条件下合成外包料上的结晶沉淀速率　　（b）不同流速条件下合成外包料上的相对结晶沉淀速率

图 5.9　不同流速条件下合成外包料的结晶沉淀速率及相对结晶沉淀速率

因此，不同流速下合成外包料上的结晶沉淀速率公式如下：

$$R_g = 5.32 \times 10^{-9} \times e^{3.73SI} \times 0.559\,6 \times e^{0.306\,3\frac{V}{V_0}} \qquad (5.27)$$

结晶沉淀物质的生长厚度：

$$\Delta d = 2.977 \times 10^{-9} \times e^{3.73SI + 0.3063\frac{V}{V_0}} v_{cal} t \qquad (5.28)$$

式中：Δd 为碳酸钙生长厚度，量纲为 L；v_{cal} 为碳酸钙的摩尔体积，量纲为 L^3N^{-1}；R_g 为合成外包料表面碳酸钙的沉淀速率，量纲为 $NL^{-2}T^{-1}$；t 为碳酸钙沉淀时间，量纲为 T。

5.3.3　合成外包料重叠效应参数

对于同一合成外包料样品来说，其制作工艺一定，合成外包料的纤维直径为 50 μm，厚度为 2.52×10^{-4} m，可知合成外包料纤维的层数为 5 层，因此假设纤维在纵向的重叠系数为 $a=5$。

在 20℃ 的标准温度下，选用纯水溶液进行定水头试验，溶液密度 ρ 为 998.2 kg/m^3，动力黏度 μ 为 1.004×10^{-3} Pa·s，重力加速度 g 为 9.8 m/s^2，合成外包料厚度 T_g 均值为 2.52×10^{-4} m，合成外包料面密度 μ_g 均值为 0.087 kg/m^2，纤维直径为 50 μm，纤维密度为 0.91 g/cm^3，纤维线密度为 17.87 dtex，则考虑重叠效应的渗透系数模拟值与实测值的拟合结果如图 5.10 所示。从图 5.10 中可见，纵向重叠系数为 5 时，考虑重叠效应的渗透系数模型可以较好地预测合成外包料的实际渗透系数，$R^2 = 0.82$，RMSE $= 3.67 \times 10^{-5}$ m/s。

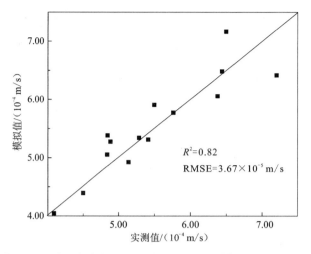

图 5.10 合成外包料重叠效应下渗透系数模拟值与实测值

5.4 模型耦合与验证

5.4.1 模型耦合

综上所述，模型初始参数纤维表面积 $S_g = 1.624 \times 10^{-3}\ \mathrm{m^2}$，合成外包料样本表面积 $A_e = 4.91 \times 10^{-4}\ \mathrm{m^2}$，$M_{gc} = 0.0543\ \mathrm{g}$（沉淀物质面密度为 110.62 $\mathrm{g/m^2}$）。

化学淤堵与渗透系数协同演变模型由合成外包料渗透系数模块和结晶沉淀模块两部分耦合而成，以渗透系数 K 为中间节点，进行耦合计算，计算流程如图 5.11 所示。

第一步：根据合成外包料的类型，测量其厚度 T_g、线密度 N_{dt}、纤维直径 d_f、重叠系数 a、溶液的密度 ρ 和动力黏度 μ 来计算结晶沉淀前合成外包料的渗透系数 K_0。

第二步：判断是定流量 Q 或定水头流动 i，根据溶液的浓度、温度和 pH 计算其饱和指数 SI，根据流量 Q 或结晶沉淀后渗透系数 K 计算合成外包料中溶液的流速 V，进一步计算结晶沉淀速率 R_g。

第三步：计算单位时间步长 Δt 的结晶沉淀量 ΔM，计算累计沉淀量 $M_{gt} = M_{gt} + \Delta M$，根据 $t \geq T_t$ 是否成立判断渗透过程是否结束或合成外包料渗透系数是否下降至 0。如果是，则输出 K_{gt}、M_{gt}，结束计算；如果否，则进入第四步。

第四步：判断累计沉淀量 $M_{gt} \leq M_{gc}$ 是否成立。如果是，进一步计算结晶沉淀物质的加密效应因子 ε_{gt}，将其代入第一步计算合成外包料的渗透系数，重复第二步；如果 $M_{gt} > M_{gc}$，则根据 M_{gc} 进一步计算表面堆积沉淀封堵效应因子 ε_s，将其代入 $K = K_{gc} / (1 + \varepsilon_{gc})^{(1+\varepsilon_s)}$ 进行计算，重复第二步。

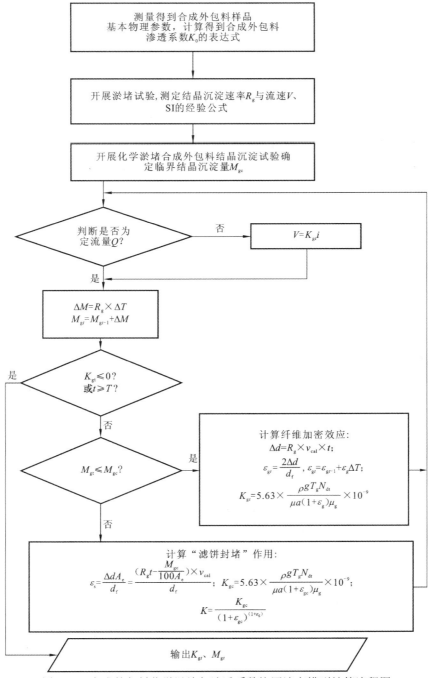

图 5.11 合成外包料化学淤堵与渗透系数协同演变模型计算流程图

5.4.2 模型验证

合成外包料化学淤堵与渗透系数协同演变模型的演化过程如图 5.12（a）所示，从图 5.12（a）中可知，合成外包料化学淤堵从发生到增加至 110.62 g/m² 时，渗透系数变

化量 ΔK 随着结晶沉淀物质的增加而增加，此过程采用"等效加密"理论来描述合成外包料纤维内部的结晶沉淀过程。当结晶沉淀量的面密度大于 110.62 g/m² 时，随着结晶沉淀量的增加，ΔK 先快速上升，然后逐渐放缓，最后保持恒定，此过程采用"滤饼封堵"理论来描述合成外包料外部结垢生长过程。变化过程与流动溶液结晶沉淀试验中结晶沉淀量对合成外包料渗透系数影响的结果一致。采用室内结晶沉淀试验的实测结果来验证模型的准确性。采用决定系数 R^2 和均方根误差 RMSE 对模型进行评价。使用等水头流动溶液中合成外包料结晶沉淀试验的实测值对模型进行验证，$R^2 = 0.96$，RMSE $= 3.17 \times 10^{-5}$ m/s，如图 5.12（b）所示。该模型可以较好地描述合成外包料化学淤堵与渗透系数协同演变过程。

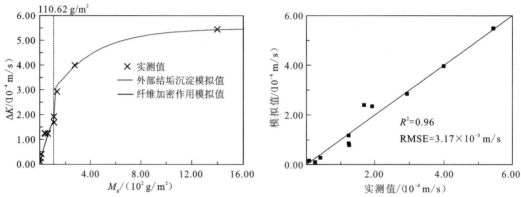

（a）合成外包料结晶沉淀面密度与渗透系数变化量演变过程　　（b）合成外包料渗透系数模拟值与实测值

图 5.12　合成外包料化学淤堵与渗透系数协同演变模型的验证

扫一扫，见彩图

5.5　本章小结

本章结合合成外包料化学淤堵规律，在合成外包料渗透系数的阻力模型和碳酸钙结晶沉淀理论的基础上，将结晶沉淀使合成外包料纤维有效直径增加概化为"等效加密"理论，从而量化合成外包料孔隙间的结晶沉淀过程，将合成外包料上部结晶沉淀覆盖厚度增加概化为滤饼层数增加的"滤饼封堵"理论来量化覆盖在合成外包料上部的结晶沉淀过程，运用迭代耦合的方法构建了合成外包料化学淤堵与渗透系数协同演变模型，并运用动态条件下合成外包料化学淤堵的试验数据对模型进行了验证，主要结论如下。

（1）本章所提出的"等效加密"理论和"滤饼封堵"理论能够很好地描述化学淤堵物质在合成外包料孔隙中和其上部的结晶沉淀过程。

（2）本章所构建的合成外包料化学淤堵与渗透系数协同演变模型能够很好地量化合成外包料化学淤堵过程中渗透系数的变化过程。

（3）合成外包料从"等效加密"过程向"滤饼封堵"过程的转换会导致合成外包料的渗透系数快速减小。

第 6 章

暗管包料区化学淤堵与渗透系数协同演变模拟

为探究暗管包料区结晶沉淀物质的形貌、分布形式及其对渗透系数的影响，本章首先通过微计算机断层扫描（micro computed tomography，Micro-CT）试验对结晶沉淀物质在包料区的形态和分布形式进行分析；然后通过开展不同溶液浓度和不同流速的穿透试验量化包料区化学淤堵对渗透系数的影响过程；最后，构建包料区化学淤堵与渗透系数协同演变模型对包料区结晶沉淀与渗透系数演变过程进行模拟。

6.1 材料与方法

6.1.1 Micro-CT 试验

1. 微柱试验

微柱试验采用双恒流蠕动泵以 0.2 mL/min 的流量分别向装填石英砂和玻璃珠的微柱（直径为 1.5 cm，石英砂柱长度为 5.98 cm，合成外包料放置在距离出口 0.67～0.69 cm 的位置，微柱基本属性如表 6.1 所示）通入浓度为 0.01 mol/L 的 $NaHCO_3$ 或 $CaCl_2$ 溶液，持续时间为 850 min，如图 6.1 所示。试验前后测定微柱的重量及孔隙率，并通过对微柱不同断面及体积的分析对结晶沉淀现象进行解释。

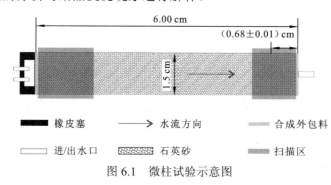

扫一扫，见彩图

图 6.1 微柱试验示意图

表 6.1 微柱基本属性

项目	装填材料	装填质量/g	装填长度/cm	合成外包料距出口/cm	粒径范围/cm
值	石英砂	15.76	5.95±0.05	0.68±0.01	0.5～1.0

2. Micro-CT 分析

Micro-CT 又称微型 CT、显微 CT，是一种可以在不破坏样本的前提下量化样本内部纤维结构的三维成像技术。Micro-CT 可以提供被测样本三维形态的定性和定量信息，其分辨率比普通临床 CT 高得多，可以达到微米（μm）级别。Micro-CT 由于成像分辨率高，如果样品较大，则扫描时间较长，所以对样品的尺寸要求较高，一般在几厘米范围内。Micro-CT 可用于医学、药学、生物、考古、材料、电子、地质等领域的研究（仲晓晴，2013）。

本试验采用分辨率为 8 μm（像素尺寸）的 Micro-CT，对试验前后的玻璃珠（石英砂）柱进行扫描，扫描区域为玻璃珠（石英砂）柱出口端包料区，扫描长度为 1.5 cm，扫描电压为 100 kV，扫描电流为 45 μA。采用 SkyScan 软件对获得的二维断层图像构建三维图像。三维图像构建分为以下三步：首先对原始的三维数据集进行裁剪，使得每个三维数据集均为 686 像素×886 像素×986 像素；其次对三维数据集的关键区域进行二值化处理、确定阈值，并重建计算；最后对二值化处理后的图像进行三维重建。试验结束后将石英砂分层取出，放置在 1∶4 的盐酸溶液中，用滴定法测定溶液中碳酸钙的含量。

6.1.2　穿透试验

分别配制浓度为 0.01 mol/L 的 $CaCl_2$ 和 $NaHCO_3$ 溶液，用 0.22 µm 滤纸过滤后密封保存，通过两个恒流蠕动泵将等体积的溶液通入石英砂柱。石英砂的粒径为 0.5~1.0 cm，大于合成外包料的最大孔隙，以避免试验过程中的物理淤堵，穿透试验柱体的基本属性见表 6.2。设置 3 个流速梯度，单泵流量设置为 0.3 mL/min，反应柱的断面流速是 0.085 cm/min，溶液浓度为 0.01 mol/L（0.02 mol/L $CaCl_2$ 与 0.02 mol/L $NaHCO_3$ 等体积混合），如图 6.2 所示。溶液温度为（20±2）℃，进行结晶沉淀穿透试验。试验前后用定水头法测定石英砂柱的渗透系数。试验结束后将石英砂分层取出放置于 1∶1 的盐酸溶液中，用滴定法测定溶液中碳酸钙的含量。

表 6.2　穿透试验柱体基本属性

项目	石英砂					
	1	2	3	4	5	6
装填质量/g	280.56	280.24	277.54	279.55	277.95	279.80
装填长度/cm	10.2±0.1					
断面直径/cm	3					
粒径范围/cm	0.5~1.0					

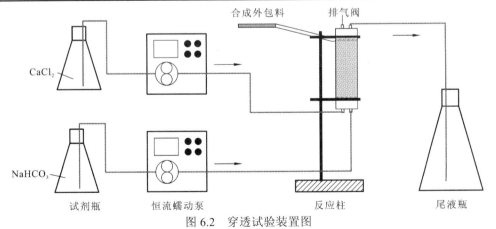

图 6.2　穿透试验装置图

6.2　数据分析

穿透曲线可以定性分析溶质在多孔介质中的传输行为。穿透曲线被定义为挟带溶质的流体通过石英砂柱时，流出液挟带溶质浓度随着时间的变化曲线。纵坐标通常为流出液挟带溶质浓度与流入液挟带溶质浓度的比值（C/C_0），横坐标为当量孔隙体积数（PV）。PV 定义为流出液累计体积与多孔介质孔隙体积的比值，量纲为一。当量孔隙体积数 PV 的计算公式为

$$PV = \frac{V_L}{V_P} = \frac{Qt}{V_P}$$ （6.1）

式中：V_L 和 V_P 分别为流出液累计体积和多孔介质孔隙体积，量纲为 L^3；Q 为流入液的注入流量，量纲为 L^3T^{-1}；t 为微柱试验运行时间，量纲为 T。

需要注意的是，如果试验柱传输系统无死体积（V_0），注入的流入液可以立即替换填充柱中原有的溶液，此时根据式（6.1）计算的每个流出液样品的 PV 大于零。然而，在实际传输试验中，传输系统填充柱两端接有进水管路和出水管路，且试验填充柱两端皆存在空腔，使得传输系统中存在 V_0。这将导致注入 1 PV 的流入液后并不能替换传输系统所有的原溶液，且流入液的前锋也不能到达传输系统的末端。因此，在计算每个流出液样品的 PV 时，应减去死体积，即按照式（6.2）进行计算。在本试验中管路很长，导致死体积很大，使得试验开始时的几个流出液样品的总体积小于死体积，所以试验开始时的几个流出液样品的 PV 为负值。

$$PV = \frac{V_L - V_0}{V_P}$$ （6.2）

水动力弥散系数（D）是表征在一定流速下多孔介质对溶质弥散能力的参数，它综合反映了流体和介质的特性，依赖于流体速度、分子扩散和介质特性，D 可以表示为机械弥散系数和分子扩散系数之和，可以在实验室用填充多孔介质的试验柱测定。

纵向水动力弥散系数 D_L 可以通过式（6.3）计算（Fetter，1999）。

$$D_L = \left(\frac{v_x L}{8}\right)(J_{0.84} - J_{0.16})^2$$ （6.3）

式中：v_x 为断面平均流速，量纲为 LT^{-1}；L 为柱子的长度，量纲为 L；当 $C/C_0=0.84$ 时，$J_{0.84}=[(U-1)/U^{1/2}]$，当 $C/C_0=0.16$ 时，$J_{0.16}=[(U-1)/U^{1/2}]$，U 为穿透溶液的孔隙体积数，量纲为一。

6.3　试验结果

6.3.1　包料区碳酸钙的沉淀形式

1. 石英砂和包料区碳酸钙的分布

试验前后包料区入口端和出口端结晶沉淀物质的断面分布如图 6.3 所示。试验前两个断面石英砂的边界轮廓清晰，试验后入口端的石英砂被结晶沉淀物质完全包裹，石英砂之间大部分的缝隙被充填，有少部分孔隙保持畅通，出口端石英砂边界上也存在部分

结晶沉淀物质，但石英砂轮廓边界相对清晰可见。这与 Noiriel 等（2012）开展的方解石或玻璃珠穿透试验观察到的结晶沉淀主要发生在入口端的现象一致。

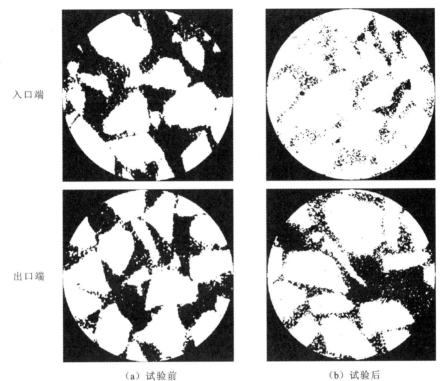

（a）试验前　　　　　　　　　　　（b）试验后

图 6.3　石英砂柱入口端和出口端结晶沉淀试验前后物质分布的 Micro-CT 图

　　石英砂柱出口端合成外包料及其前后的结晶沉淀物质的断面分布如图 6.4 所示，可见合成外包料前、合成外包料、合成外包料后结晶沉淀物质的分布差异明显。在合成外包料上游，石英砂上分布有部分结晶沉淀物质，合成外包料上也显现出部分结晶沉淀物质，而在合成外包料下游端紧邻区域结晶沉淀物质明显减少。试验前后入口端合成外包料的物质分布见图 6.5。从图 6.5（a）可知，试验前合成外包料纤维分明，从横断面图中

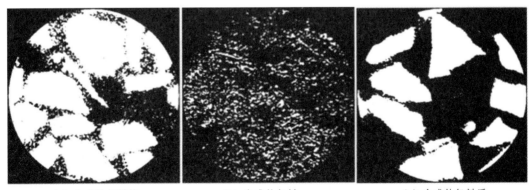

（a）合成外包料前　　　　　（b）合成外包料　　　　　（c）合成外包料后

图 6.4　石英砂柱出口端合成外包料前、合成外包料、合成外包料后结晶沉淀物质的断面分布图

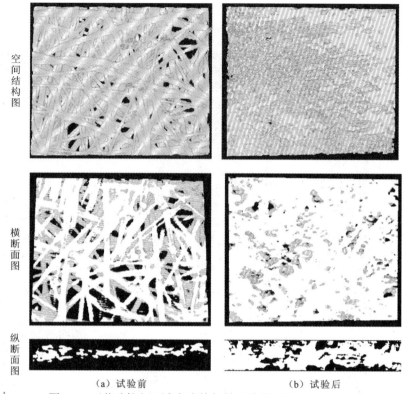

空间结构图
横断面图
纵断面图

（a）试验前　　　　　　　　　　　（b）试验后

图 6.5　石英砂柱入口端合成外包料试验前后的 Micro-CT 图

可见，合成外包料保存有较大的孔隙，从纵断面图中可见，合成外包料纤维的直径较小，此时的孔隙率是 62.09%。从图 6.5（b）可知，试验后，几乎无法看到合成外包料的纤维结构，从横断面图可见，大部分孔隙被沉淀物质淤堵，合成外包料的纵断面图中大部分空间被沉淀物质占据，但仍然有部分空间未被填充，这与包料区的淤堵现象相似，此时合成外包料的孔隙率是 27.85%，说明合成外包料纤维上吸附了较多的沉淀物质。

2. 包料区合成外包料与石英砂表面碳酸钙的结晶形貌

图 6.6（a）～（c）、图 6.7（a）～（c）分别是不同流速穿透试验中石英砂柱入口端和出口端合成外包料的形貌图，可以看出，不同流速穿透试验中入口端和出口端的合成外包料形貌比较一致。在入口端，合成外包料纤维被大量的结晶物质所包裹，大部分孔隙被淤堵，而在包料区出口端的合成外包料纤维上，基本无结晶物质。

图 6.8（a）～（c）分别是石英砂柱入口端、中间段和出口端的石英砂形貌图，可以看出，距离入口越远，沉淀物质越少，在出口端石英砂表面几乎不存在结晶物质，沉淀物质以晶体颗粒的形式黏附在石英砂表面。图 6.8（d）～（f）分别是不同流速穿透试验中石英砂柱入口端结晶沉淀物质的形貌图，可以看出结晶沉淀物质主要分布在石英砂之间的接触缝隙中，将分散的石英砂逐渐黏结在一起，但石英砂之间仍然有部分孔隙保持畅通。随着流速的增加，结晶沉淀物质增加，最终将所有孔隙完全淤堵。包料区结晶沉

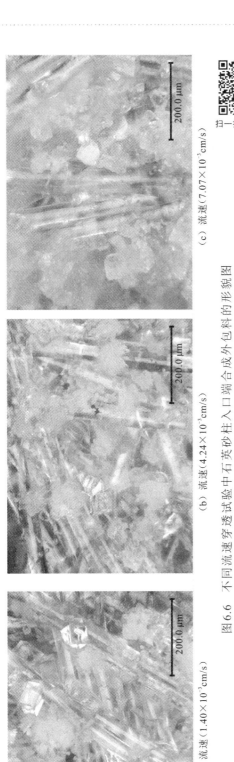

扫一扫，见彩图

扫一扫，见彩图

(c) 流速（7.07×10⁻³cm/s）

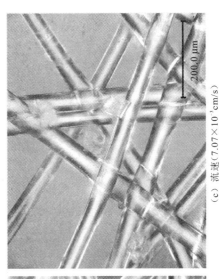

(c) 流速（7.07×10⁻³cm/s）

(b) 流速（4.24×10⁻³cm/s）

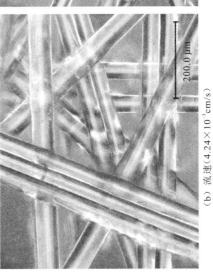

(b) 流速（4.24×10⁻³cm/s）

(a) 流速（1.40×10⁻³cm/s）

(a) 流速（1.40×10⁻³cm/s）

图6.6 不同流速穿透试验中石英砂柱入口端合成外包料的形貌图

图6.7 不同流速穿透试验中石英砂柱出口端合成外包料的形貌图

扫一扫，见彩图

（a）入口端石英砂（1.40×10⁻³cm/s）　（b）中间段石英砂（1.40×10⁻³cm/s）　（c）出口端石英砂（1.40×10⁻³cm/s）

（d）入口端结晶沉淀物质，流速（1.40×10⁻³cm/s）　（e）入口端结晶沉淀物质，中间段，流速（4.24×10⁻³cm/s）　（f）入口端结晶沉淀物质，流速（7.07×10⁻³cm/s）

图 6.8　不同流速穿透试验中石英砂砂柱入口端、中间段、出口端石英砂形貌图和石英砂砂柱入口端结晶沉淀物质的形貌图

淀物质的分布说明碳酸钙结晶沉淀过程主要发生在介质的界面处，这可能是因为界面处溶液流态和压力会发生突变，碳酸钙结晶沉淀由 $Ca(HCO_3)_2$ 通过损失二氧化碳（CO_2）而生成（Larroque and Franceschi，2011；Houben，2004）。在自然界也观察到了类似现象，碳酸盐岩系统对边界变化特别敏感，碳酸钙沉淀主要发生在空气—水的混合界面（Paukert et al.，2012；Zaihua et al.，1995）。

6.3.2 不同浓度与流速包料区渗透系数的变化

从图 6.9、图 6.10 中可以看到，包料区的渗透系数随着穿透溶液浓度和流速的增加而减小。不同浓度穿透试验中包料区的渗透系数随着穿透时间的增加逐渐减小，浓度越大，渗透系数下降速度越快。当溶液浓度为 0.005 mol/L、0.010 mol/L 和 0.020 mol/L 时，穿透试验结束后，其渗透系数的下降幅度分别为 68.02%、89.42%和 94.53%。在不同流速穿透试验中，包料区的渗透系数随着穿透时间的增加，先快速减小，然后缓慢下降。当穿透流速为 $1.42×10^{-3}$ cm/s、$4.24×10^{-3}$ cm/s 和 $7.07×10^{-3}$ cm/s 时，穿透试验结束后，

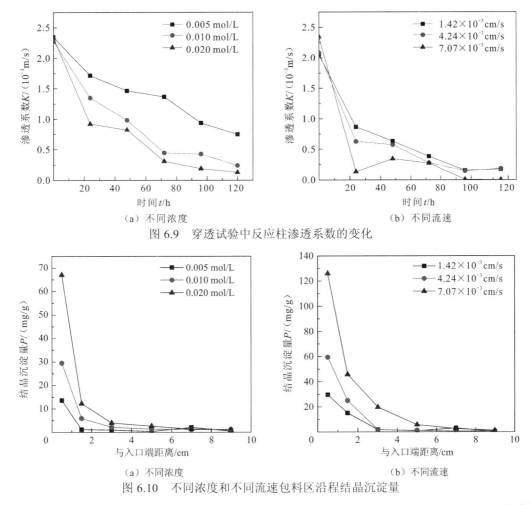

图 6.9　穿透试验中反应柱渗透系数的变化

（a）不同浓度　　　　　　　　　　（b）不同流速

图 6.10　不同浓度和不同流速包料区沿程结晶沉淀量

其渗透系数下降幅度分别为 91.60%、91.26% 和 99.89%。不同流速作用下，包料区渗透系数下降幅度大于不同浓度作用下包料区渗透系数的下降幅度。

包料区沿程的结晶沉淀量随着与入口端距离的增加呈现出先快速减小，然后保持缓慢下降的趋势。当溶液流速为 1.42×10⁻³ cm/s，浓度分别为 0.005 mol/L、0.010 mol/L 和 0.020 mol/L 时，入口端的结晶沉淀量分别是 13.6 mg/g、29.5 mg/g 和 67.0 mg/g，出口端的结晶沉淀量分别为 0.5 mg/g、1.2 mg/g 和 1.0 mg/g。当溶液浓度为 0.010 mol/L，流速分别为 1.42×10⁻³ cm/s、4.24×10⁻³ cm/s 和 7.07×10⁻³ cm/s 时，入口端的结晶沉淀量分别为 29.6 mg/g、59.4 mg/g 和 126.0 mg/g，出口端的结晶沉淀量分别为 0.4 mg/g、0.8 mg/g 和 1.2 mg/g。随着流速的增加，结晶沉淀量增加，结晶沉淀的发生深度略有增加，但主要集中在入口端。

6.3.3 包料区碳酸钙的沉淀过程及其对水动力弥散系数的影响

试验柱中石英砂填充方式的差异会对穿透曲线产生较大影响，即使采用完全一致的装填方式，所获得的曲线也可能不具备可比性。对于同一个试验柱，在整个化学淤堵试验过程中，内部介质的填充条件不发生变化，只是淤堵物质的不断形成对多孔介质的物质特性产生了影响，因此采用 CXTFIT 软件对试验柱穿透试验获得的包料区穿透曲线进行分析和对比，量化同一包料区多孔介质水动力弥散系数的变化。

从表 6.3 中可知，结晶沉淀试验前包料区的水动力弥散系数在 5.52～12.64 cm²/min，并且穿透曲线达到相对稳定的时间逐渐延长。等流速不同浓度溶液穿透包料区后，随着溶液浓度从 0.005 mol/L 升至 0.010 mol/L、0.020 mol/L，包料区的水动力弥散系数从 31.43 cm²/min 增加至 143.30 cm²/min、731.10 cm²/min。等浓度不同流速溶液穿透包料区后，随着溶液流速从 1.42×10⁻³ cm/s 升至 4.24×10⁻³ cm/s、7.07×10⁻³ cm/s，包料区的水动力弥散系数从 83.93 cm²/min 增加至 153.00 cm²/min、257.70 cm²/min。这表明多孔介质随着穿透溶液流速和浓度的增加对溶质运移的弥散作用逐渐增大。这可能是因为包料区淤堵物质增加，石英砂间隙中的小孔隙被沉淀物质淤堵，从而导致包料区孔隙分布的异质性不断增大，弥散作用增强（武君，2008）。

表 6.3 穿透试验前后包料区的水动力弥散系数（D）和延滞系数（R）

C/（mol/L）	0.005		0.010		0.020		0.010					
V/（cm/s）	1.42×10⁻³						1.42×10⁻³		4.24×10⁻³		7.07×10⁻³	
	D/(cm²/min)	R	D/(cm²/min)	R	D/(cm²/min)	R	D/(cm²/min)	R	D/(cm²/min)	R	D/(cm²/min)	R
试验前	7.57	0.91	5.81	0.96	5.52	0.994	9.179	0.965	12.38	1.06	12.64	0.987
试验后	31.43	0.91	143.30	0.95	731.10	0.800	83.93	0.884	153.00	0.81	257.70	0.823

从图 6.11、图 6.12 中可知，结晶沉淀试验前包料区的穿透曲线快速达到平衡，这说明包料区柱体填充良好，水流均匀，不存在明显的优先流或无流域，此时包料区延滞系

数在 0.91～1.06。结晶沉淀试验后，包料区穿透曲线的突破时间逐渐缩短，这可能是因为包料区的结晶沉淀导致了优先流的存在，在相同介质中，优先流的有效延迟比活塞流的低（Bouwer，2010；Feng et al.，2004）。

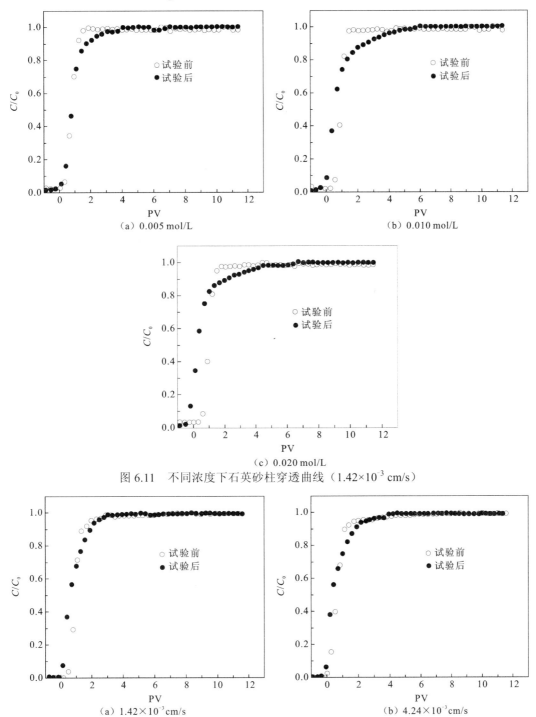

图 6.11　不同浓度下石英砂柱穿透曲线（$1.42×10^{-3}$ cm/s）

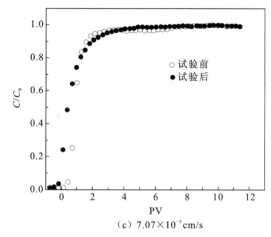

（c）7.07×10^{-3} cm/s

图 6.12　不同流速下石英砂柱穿透曲线（0.010 mol/L）

6.4　包料区化学淤堵与渗透系数协同演变模型

6.4.1　模型建立

多孔介质的渗透系数以经典 K-C 方程为基础进行计算，K-C 方程有多种形式，最常用的表达式如式（6.4）所示（罗亦琦，2019；刘瑜 等，2011；Carman，1997；Kozeny，1927）。

$$K = \frac{\phi^3}{cS^2(1-\phi)^2} \tag{6.4}$$

式中：K 为渗透系数，量纲为 LT^{-1}；ϕ 为孔隙率，量纲为一；S 为体积比表面积，表示每单位体积颗粒的表面积，量纲为 L^{-1}，质量比表面积与体积比表面积可以使用 $S=\rho_p \times S_m \times (1-\phi)$ 进行转换，其中 ρ_p 为颗粒的密度，量纲为 ML^{-3}，S_m 为质量比表面积，量纲为 L^2M^{-1}；c 为 K-C 常数，表示颗粒的形状和大小，研究者多以 5 作为常数值开展相应研究，本章采用此值（Chen and Yao，2017；Ren et al.，2016；Sanzeni et al.，2013）。

本书选用的石英砂颗粒密度为 2 649 kg/m³，体积比表面积为 12 470.14 m⁻¹，质量比表面积为 6.066 m²/kg。通过对不同位置进行 Micro-CT 分层扫描重构，统计出不同孔隙率下石英砂的比表面积，两者的关系可以表示为

$$S = -0.205\,5\phi^2 + 0.109\,4\phi，\quad R^2 = 0.96 \tag{6.5}$$

式中：S 为石英砂柱的体积比表面积，量纲为 L^{-1}；ϕ 为孔隙率，量纲为一。当孔隙率从 0 增加至 26.5%时，比表面积随着孔隙率的增加而增加。当孔隙率大于 26.5%时，比表面积随着孔隙率的增加而减小，如图 6.13 所示。前者是因为结晶沉淀物质均匀地覆盖在石英砂表面，使得石英砂骨料的比表面积逐渐增加，这与 Kieffer 等（1999）建立的多孔介

质比表面积模型所做假设一致。后者是因为当结晶沉淀物质相互接触产生重合后，随着结晶沉淀物质的增加，石英砂柱孔隙逐渐被淤堵，比表面积逐渐减小，这与 Lichtner（1988）建立的多孔介质比表面积模型所做的多孔介质由孔隙组成的假设一致。

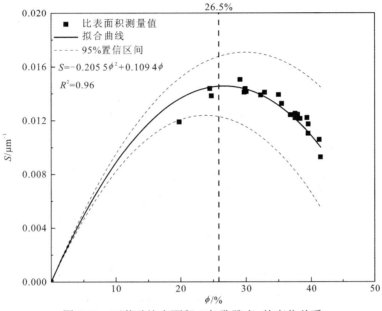

图 6.13　石英砂比表面积 S 与孔隙率 ϕ 的变化关系

　　假设石英砂柱中碳酸钙的结晶沉淀速率是线性的，可以用式（6.6）来拟合不同饱和指数、不同流速穿透试验石英砂柱不同位置处碳酸钙的结晶沉淀速率，如图 6.14 所示。

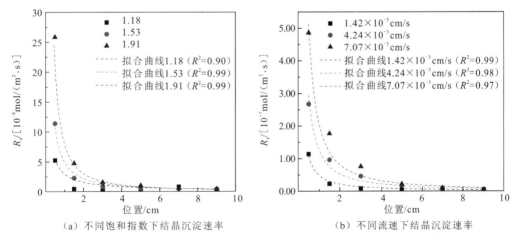

（a）不同饱和指数下结晶沉淀速率　　　　　　（b）不同流速下结晶沉淀速率

图 6.14　不同饱和指数、不同流速穿透试验石英砂柱不同位置处碳酸钙的结晶沉淀速率

$$R_{\mathrm{s}} = (6.52 \times 10^{-6} \times V \times \mathrm{SI}^{3.25} + 8.72 \times 10^{-9}) \times x^{(-0.355\mathrm{SI}-17.93 \times \mathrm{SI} \times V - 0.777\,5)} \tag{6.6}$$

式中：R_{s} 为石英砂表面结晶沉淀速率，量纲为 $\mathrm{NL^{-2}T^{-1}}$；V 为穿透断面平均流速，量纲为 $\mathrm{LT^{-1}}$；SI 为饱和指数，量纲为一；x 为与入口端的距离，量纲为 L。

　　石英砂柱孔隙率的变化可以用式（6.7）计算：

$$\phi = \phi_0 - R_s S_{m0} v_{cal} / [V_{sm} \times (1-\phi_0)] \tag{6.7}$$

式中：ϕ_0 为石英砂柱的初始孔隙率，量纲为一；S_{m0} 为初始质量比表面积，量纲为 $L^2 M^{-1}$；v_{cal} 为碳酸钙密度，量纲为 ML^{-3}；V_{sm} 为单位质量石英砂所占的体积，量纲为 $L^3 M^{-1}$。

从 Micro-CT 试验的结果可知，结晶沉淀物质包裹在石英砂表面，不同横断面上结晶沉淀量不同，在石英砂柱入口端结晶沉淀量最大，然后迅速减小，如图 6.15 所示。假设如下：

（1）结晶沉淀物质均匀地包裹在骨料表面；

（2）结晶沉淀物质均匀向前推进，随着与入口端距离的增加呈递减趋势。

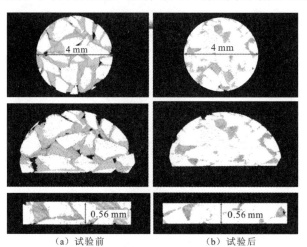

（a）试验前   （b）试验后

图 6.15 试验前后石英砂柱入口端形貌图

可以根据沉淀量将石英砂柱划分为 $n+1$ 个区域（$z_0 \sim z_n$），其中 z_0 为石英砂柱外部沉淀区域，$z_1 \sim z_n$ 为内部结晶沉淀区域。假设 z_0 以单层石英砂为基底，根据式（6.15）可得其在不同条件下的渗透系数。由图 6.13 可知，当孔隙率逐渐减小至 26.5%时，石英砂颗粒上的沉淀物质将互相接触，进而达到内部沉淀和外部沉淀共同发展阶段；试验结束后，入口端石英砂层的孔隙率为 14.3%。因此，假设当孔隙率小于 14.3%时，进入外部沉淀阶段。其渗透系数可以表达如下。

当 $\phi > 26.5\%$ 时，

$$K_{si} = \frac{\phi_i^3}{c S_i^2 (1-\phi_i)^2} \tag{6.8}$$

当 $14.3\% < \phi \leqslant 26.5\%$ 时，

$$K_{si} = \frac{\phi_i^3}{c S_i^2 (1-\phi_i)^2 a^{1+b}} \tag{6.9}$$

式中：a 为阻力因子，是经验系数，量纲为一，由耦合模型的模拟值与实测值试算得到；b 为外部结晶沉淀层的厚度因子，量纲为一，b 可由式（6.10）计算得到；K_{si} 为第 i 层石英砂柱内的渗透系数，量纲为 LT^{-1}；ϕ_i 为石英砂柱第 i 层的孔隙率，量纲为一；S_i 为石英砂柱第 i 层的体积比表面积，量纲为 L^{-1}。

$$b = \frac{\Delta d_{SA}}{d_{sand}} = \frac{(R_s \times t \times v_{mol} - M_{gs}) \times e}{d_{sand}} \qquad (6.10)$$

式中：Δd_{SA} 为石英砂外部的厚度增加量，量纲为 L；d_{sand} 为试验柱中单层石英砂的厚度，量纲为 L；e 为当 $14.3\% < \phi \leqslant 26.5\%$ 时，结晶沉淀物质的分配系数，量纲为一；M_{gs} 为石英砂柱内部沉淀结束后的临界沉淀量，量纲为 ML^{-2}；v_{mol} 为碳酸钙的摩尔质量，量纲为 MN^{-1}。因为试验柱横断面积占入口端单层石英砂比表面积的 $12.26\% \sim 15.59\%$，因此取均值 13.93% 为结晶沉淀物质分配给外部结晶沉淀层的比例。

当 $\phi \leqslant 14.3\%$ 时，

$$K_s = \frac{K_{sc}}{a^{1+b}} \qquad (6.11)$$

式中：K_{sc} 为临界渗透系数，量纲为 LT^{-1}。

如图 6.16 所示，将石英砂柱内部结晶沉淀区域划分为 $L_0 \sim L_n$，$n+1$ 个区域的渗透系数分别为 $K_0, K_1, K_2, \cdots, K_n$，流经区域的水头损失分别为 $\Delta h_0, \Delta h_1, \Delta h_2, \cdots, \Delta h_n$，通过石英砂断面的流量均为 q，假设每个区域沉淀物质的分布是均匀的，沉淀后孔隙率分别为 $\phi_0, \phi_1, \phi_2, \cdots, \phi_n$，体积比表面积为 $S_0, S_1, S_2, \cdots, S_n$，则整个石英砂柱渗透系数 k_s 的推导过程可以表示如下：

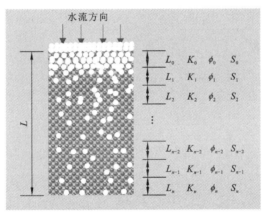

图 6.16　石英砂柱结晶沉淀示意图

$$q = K_i \frac{\Delta h_i}{L_i} \qquad (6.12)$$

$$q = K_s \frac{\Delta h_0 + \Delta h_1 + \Delta h_2 + \cdots + \Delta h_n}{L_0 + L_1 + L_2 + \cdots + L_n} \qquad (6.13)$$

$$L = L_0 + L_1 + L_2 + \cdots + L_n \qquad (6.14)$$

$$K_s = \frac{L}{L_0 / K_0 + L_1 / K_1 + L_2 / K_2 + \cdots + L_n / K_n} \qquad (6.15)$$

式中：q 为通过石英砂断面的流量，量纲为 LT^{-1}；K_s 为石英砂柱的渗透系数，量纲为 LT^{-1}；L_i 为第 i 层厚度，量纲为 L；K_i 为第 i 层渗透系数，量纲为 LT^{-1}；Δh_i 为第 i 层的水头损失，量纲为 L。

6.4.2 模型耦合

包料区化学淤堵与渗透系数协同演变模型由包料区渗透系数模块和结晶沉淀模块两部分耦合而成，以渗透系数 K 为中间节点，进行耦合计算，计算流程如图 6.17 所示。

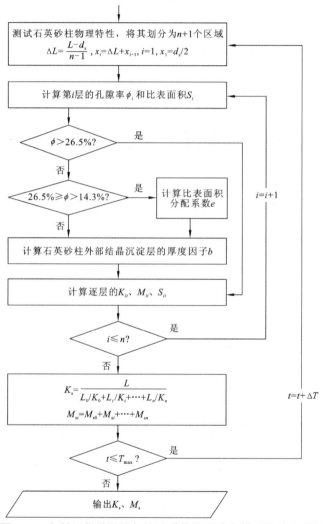

图 6.17　包料区化学淤堵与渗透系数协同演变模型计算流程图

第一步：将石英砂柱划分为 $n+1$ 层，根据石英砂柱物理特性，测量其长度 L、石英砂粒径 d_s、孔隙率 ϕ、体积比表面积 S，来计算包料区的初始渗透系数 K_0；ΔL 为除去外部结晶沉淀层和初始层外的石英砂柱平均层厚，x_i 为第 i 层石英砂柱的中心距离。

第二步：根据石英砂的粒径计算石英砂柱初始层的中心距离 $d_s/2$。

第三步：根据溶液的浓度、温度和 pH 计算其饱和指数 SI，根据流量 Q 或渗透系数 K 计算溶液的流速 V，以及距离入口端中心距离 $\dfrac{d_s}{2}$ 处的结晶沉淀速率 R_{si}。

第四步：计算单位时间步长 Δt 后第 0 层的孔隙率，当孔隙率 $\phi_i > 0.265$ 时，计算此时的渗透系数 k_{si}。否则，进入下一步。

第五步：当孔隙率 $14.3\% < \phi_i \leqslant 26.5\%$ 时，根据石英砂的表面积与横截面积比例 e 来分配孔隙和表面的结晶沉淀量，由表面结晶沉淀量得到外部结晶沉淀层的厚度因子 b，进而计算此时的渗透孔隙率 ϕ_{it}、比表面积 S_{it}、渗透系数 k_{si}。否则，进入下一步。

第六步：当孔隙率 $\phi_i \leqslant 14.3\%$ 时，直接由结晶沉淀速率计算表面结晶沉淀量从而得到外部结晶沉淀层的厚度因子 b、渗透系数 k_{si}，然后进入下一步。

第七步：计算该渗透系数下的结晶沉淀量 M_{si}，判断石英砂柱各层是否未计算完毕，如果完成，进入下一步，如果未完成，返回第三步。

第八步：计算此时石英砂柱整体的渗透系数 K_s、M_s，判断运行时间是否结束，即 $t \leqslant T_{\max}$，如果结束，输出结果 K_s、M_s，如果未结束，返回第一步。

6.4.3　模型验证

本章主要考虑石英砂柱化学淤堵对渗透系数的影响，因此本章采用等浓度不同流速、等流速不同浓度穿透试验后石英砂柱的渗透系数对模型参数进行验证，具体过程如下。

通过 python 语言编辑程序进行试算，可得 $a=2.5$ 为最优，此时等浓度不同流速穿透试验后石英砂柱渗透系数的实测值与模拟值的 $R^2=0.96$，RMSE$=0.019$ cm/s，如图 6.18 所示。使用等流速不同浓度穿透试验后石英砂柱的渗透系数对模型进行验证，$R^2=0.92$，RMSE$=0.020$ cm/s，如图 6.19 所示。由此可见，该模型可以用于描述石英砂柱的化学淤堵过程。包料区结晶沉淀过程的模拟再次验证了化学淤堵主要发生在界面处的试验现象，说明在暗管排水中合成外包料的化学淤堵过程与物理淤堵过程需要考虑合成外包料前土体中土壤颗粒的移动不同，只考虑合成外包料自身的化学淤堵过程即可。

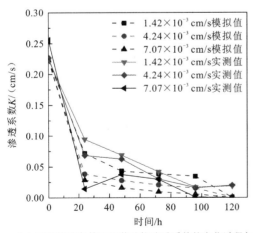

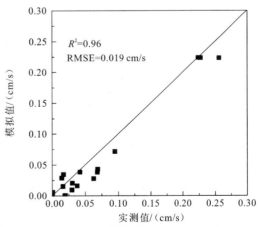

（a）不同流速条件下石英砂柱渗透系数的变化过程与模拟值　　　　（b）渗透系数模拟值与实测值

图 6.18　不同流速条件下石英砂柱渗透系数的变化过程与模型模拟

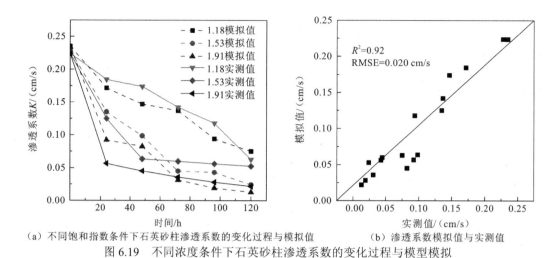

（a）不同饱和指数条件下石英砂柱渗透系数的变化过程与模拟值　　（b）渗透系数模拟值与实测值

图6.19　不同浓度条件下石英砂柱渗透系数的变化过程与模型模拟

6.5　本 章 小 结

本章借助 Micro-CT 对结晶沉淀物质在包料区的形态和分布形式进行分析；然后，通过开展室内石英砂柱穿透试验来探究溶液的饱和指数和流速对包料区化学淤堵过程及渗透系数的影响；最后，基于经典 K-C 方程构建了包料区化学淤堵与渗透系数协同演变模型，并通过试验数据进行校验，主要结论如下。

（1）包料区中结晶沉淀物质主要集中在石英砂柱入口端，沿程逐渐减少，入口端石英砂被沉淀物质完全包裹，石英砂之间的缝隙被填充，但仍有部分孔隙保持畅通，出口端石英砂上未观察到结晶沉淀物质的存在。包料区入口端的合成外包料纤维基本被结晶沉淀物质完全包裹，孔隙率下降明显。石英砂柱出口端合成外包料纤维上几乎不存在结晶沉淀物质。

（2）包料区的渗透系数在试验前期快速减小，然后缓慢下降。试验柱中的结晶沉淀物质随着饱和指数的增加而增加，随着流速的增加而逐渐深入。随着与入口端距离的增加，结晶沉淀物质快速减少，结晶沉淀物质基本分布在包料区入口端 1 cm 范围内。

（3）包料区化学淤堵与渗透系数协同演变模型具有良好的模拟效果，揭示了包料区入口端界面处的结晶沉淀是决定包料区渗透系数的主要因素，结晶沉淀过程可以分为内部结晶沉淀和外部结垢生长两个过程，两个过程之间的过渡是渗透系数快速增加的内在机制。

（4）化学淤堵过程中，只需考虑包料区入口端合成外包料自身的化学淤堵过程即可。

第 **7** 章

化学淤堵主要影响因素及对排盐过程的影响

　　干旱区排水暗管合成外包料的化学淤堵是一个多因素、多过程耦合的复杂问题，明确影响化学淤堵过程各因素的敏感性对于化学淤堵过程的预测与防止具有重要意义。本章基于构建的化学淤堵与渗透系数协同演变模型，对模型参数进行全局敏感性分析，确定影响化学淤堵过程的主要因素，并基于大田试验构建了暗管排水排盐模型，预测合成外包料化学淤堵与渗透系数的协同演变过程。

7.1 化学淤堵与渗透系数协同演变模型参数的
敏感性分析

7.1.1 模型参数敏感性分析方法

分析模型输入参数的敏感性是识别影响模型重要参数的有效手段。敏感性分析一般分为局部敏感性分析和全局敏感性分析两类（Lu et al.，2013）。局部敏感性分析主要检验单一参数独立作用时的敏感性，适用于线性模型或者不确定性较小的模型。全局敏感性分析可以考察单个变量变化对模型输出的影响，还可以用于分析多个参数同时变化对模型输出总的影响及参数间的相互作用，适用于非线性的复杂模型（李艳 等，2014）。最常用的全局敏感性分析方法有多元回归法、莫里斯（Morris）筛选法、傅里叶振幅敏感性检验（Fourier amplitude sensitive test，FAST）法、索博尔（Sobol）法和拓展傅里叶振幅敏感性检验（extended Fourier amplitude sensitive test，EFAST）法等（Sobol，1993；Morris，1991；Cukier et al.，1978）。其中，EFAST 法因具有稳健、样本数要求低和计算效率高的优点而得到广泛的应用（Saltelli et al.，1999）。EFAST 法是基于方差的定量全局敏感性分析方法，可以分析模型单一参数独立作用的敏感性及各个参数之间相互作用的敏感性。本章基于构建的合成外包料化学淤堵与渗透系数协同演变模型，将渗透系数 K 和结晶沉淀量 M 作为模型的输出结果，应用经典的 EFAST 法分析 K 和 M 对模型输入参数的全局敏感性。

模型参数的采样方法对于模型敏感性分析来说非常关键（任启伟 等，2010）。本模型分别选取试验中溶液条件的范围和合成外包料（SF27）物理特性的参数中心为试验样品的基本采样区间中心，取参数在整个研究时段内变化范围的 10%作为取样变化基准，得到采样区间。设定参数在采样区间内为均匀分布，使用 EFAST 法进行参数采样，得到 9 925 组参数组合（EFAST 法认为采样次数大于参数个数 65 倍的分析结果有效）（何维和杨华，2013）。合成外包料化学淤堵与渗透系数协同演变模型考虑的因素分为两类，分别为描述溶液条件的饱和指数 SI、流速 V，以及描述合成外包料物理特性的厚度 T_g、面密度 μ_g、纤维直径 d_f、线密度 N_{dt}、重叠系数 a。包料区考虑的因素分别为长度 L、石英砂粒径 d_s、孔隙率 ϕ。合成外包料化学淤堵与渗透系数协同演变模型共有 7 个参数，包料区化学淤堵与渗透系数协同演变模型共有 5 个参数。具体参数的选择范围见表 7.1、表 7.2。溶液条件的范围是室内结晶沉淀试验饱和指数 SI 的范围，均为 1.18～1.91。流动溶液中合成外包料结晶沉淀试验断面平均流速 V 的参数范围为 2.04×10^{-5}～1.02×10^{-4} m/s，石英砂柱穿透试验断面平均流速 V 的参数范围为 1.42×10^{-3}～7.07×10^{-3} cm/s。合成外包料物理特性的参数范围设定为 SF27 热熔纺黏土工布基本物理特性的±10%。包料区物理特性的参数范围设定为石英砂柱的±10%。

表 7.1　合成外包料化学淤堵与渗透系数协同演变模型参数采样区间中心与范围

参数	溶液条件		合成外包料物理特性				
	SI	V/（m/s）	T_g/m	μ_g/（kg/m^2）	d_f/m	N_{dt}/dtex	a
区间中心	1.545	6.12×10^{-5}	2.52×10^{-4}	0.09	5×10^{-5}	17.87	5
取值范围	1.18～1.91	$2.04\times10^{-5}\sim$ 1.02×10^{-4}	$2.52\times10^{-4}\pm$ 2.52×10^{-5}	0.09 ± 0.009	$5\times10^{-5}\pm$ 5×10^{-6}	17.87 ± 1.787	5 ± 0.5

表 7.2　包料区化学淤堵与渗透系数协同演变模型参数采样区间中心与范围

参数	溶液条件		包料区物理特性		
	SI	V/（cm/s）	L/cm	d_s/mm	ϕ/%
区间中心	1.545	1.42×10^{-3}	10.2	0.56	45
取值范围	1.18～1.91	$1.42\times10^{-3}\sim7.07\times10^{-3}$	10.2 ± 1.02	0.56 ± 0.056	45 ± 4.5

根据前文的分析可知，合成外包料及包料区的化学淤堵过程均可以分为内部纤维结晶沉淀和外部结垢生长两个过程，两个过程对渗透系数的影响机制不同，作为量化化学淤堵与渗透系数协同演变过程的模型，在不同阶段对相同参数的敏感性应有所差异。因此，本章对模型参数的敏感性分析考虑整个时间的变化过程。

7.1.2　合成外包料化学淤堵与渗透系数协同演变模型参数的

敏感性分析

以渗透系数 K 为目标时，模型参数敏感性随时间不发生变化，其中敏感性最大的参数是 SI，其次是 V，参数 T_g、μ_g、d_f、N_{dt} 和 a 对渗透系数不敏感，如图 7.1（a）所示。以结晶沉淀量 M 为目标时，模型参数敏感性随时间推移发生变化，SI 和 V 的敏感性先

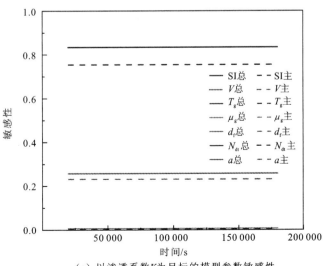

（a）以渗透系数 K 为目标的模型参数敏感性

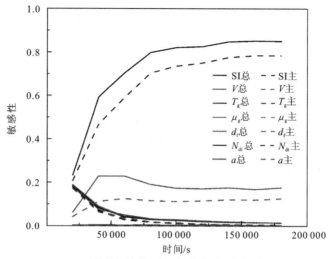

（b）以结晶沉淀量 M 为目标的模型参数敏感性

图 7.1　考虑溶液条件时合成外包料化学淤堵与渗透参数协同演变模型参数敏感性分析结果

主表示主敏感性；总表示总敏感性

扫一扫，见彩图

迅速增加，然后随着时间变化保持稳定，如图 7.1（b）所示。以结晶沉淀量和渗透系数为目标的模型参数 SI 与 V 的总敏感性大于主敏感性，说明参数 SI 和 V 与其余参数存在耦合作用（吴锦 等，2009；Saltelli et al.，1999）。

当以结晶沉淀量和渗透系数为目标时，溶液参数 SI 敏感性所占的比例较高，会相对削弱其余参数的敏感性。由合成外包料化学淤堵与渗透系数协同演变模型可知，在等流速等饱和指数条件下，结晶沉淀量的计算与合成外包料相关参数无直接联系。因此，只分析以渗透系数为目标的模型参数敏感性。从图 7.2 中可知，模型参数 T_g、μ_g、N_{dt} 和 a 的敏感性随着结晶沉淀的进行，先缓慢减小，然后快速减小至零附近；参数 d_f 的敏感性先缓慢增加，然后快速增加至 1 附近，最后保持稳定。各个参数的总敏感性与主敏感性基本一致，说明参数间的交互作用较弱。

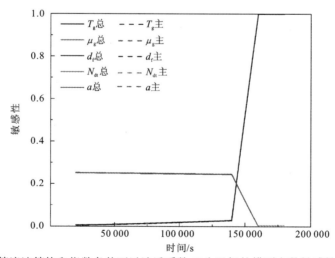

扫一扫，见彩图

图 7.2　等流速等饱和指数条件下以渗透系数 K 为目标的模型参数敏感性分析结果

等水头渗透时，合成外包料上结晶沉淀量的增加会降低合成外包料的渗透系数，影响渗透流速，进而对结晶沉淀过程产生反馈。等水头等饱和指数条件下模型参数敏感性分析结果如图 7.3 所示。如图 7.3（a）所示，以结晶沉淀量为目标的模型各参数主敏感性与总敏感性基本一致，说明参数间交互作用较弱；参数 T_g、μ_g、N_{dt} 和 a 的敏感性随着结晶沉淀的进行逐渐减小，参数 d_f 的敏感性随着结晶沉淀的进行逐渐增加。如图 7.3（b）所示，以渗透系数为目标的模型参数 d_f 的主敏感性在结晶沉淀前期逐渐升高，总敏感性却逐渐降低，说明参数的交互作用在减弱；在结晶沉淀后期，参数 d_f 的主敏感性和总敏感性呈现出相同的趋势，两者基本一致，说明参数间交互作用较弱。在结晶沉淀前期，参数 T_g、μ_g、N_{dt} 和 a 的主敏感性和总敏感性随着结晶沉淀的进行呈现相反的趋势，主敏感性逐渐升高，总敏感性逐渐降低；在结晶沉淀后期，参数 T_g、μ_g、N_{dt} 和 a 的主敏感性和总敏感性基本一致，参数间交互作用较弱。

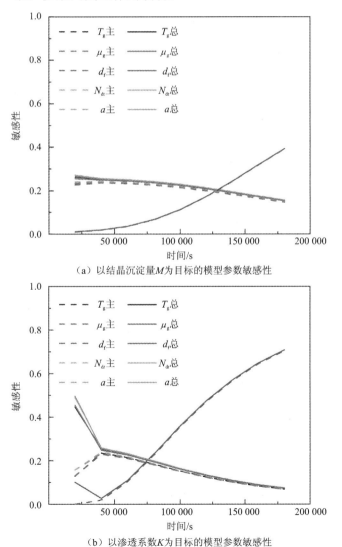

（a）以结晶沉淀量 M 为目标的模型参数敏感性

（b）以渗透系数 K 为目标的模型参数敏感性

图 7.3　等水头等饱和指数条件下合成外包料化学淤堵与渗透系数协同演变模型参数敏感性分析结果

扫一扫，见彩图

7.1.3　包料区化学淤堵与渗透系数协同演变模型参数的敏感性分析

包料区化学淤堵与渗透系数协同演变模型参数敏感性分析的结果如图 7.4 所示。以结晶沉淀量为目标的模型参数敏感性在整个结晶沉淀过程中保持不变，分析结果表明敏感性最高的参数是 SI，其次是 V；另外，模型的总敏感性高于主敏感性，说明参数间存在较强的交互作用，这与合成外包料化学淤堵与渗透系数协同演变模型的结果一致。以渗透系数为目标的模型参数 SI、V、L、d_s 和 ϕ 的总敏感性随着结晶沉淀的进行逐渐增加，参数 V 和 d_s 的敏感性增加较快，参数 SI 和 L 的敏感性呈缓慢增加趋势。从图 7.4（b）可见，各参数主敏感性逐渐减小，因此各个参数中交互作用的比例将增加，各因素之间的耦合作用增强。

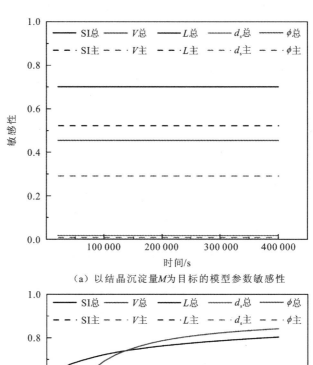

（a）以结晶沉淀量 M 为目标的模型参数敏感性

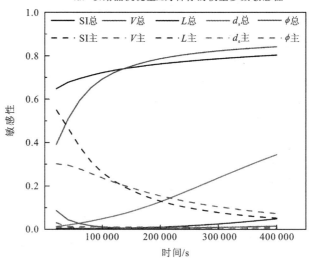

扫一扫，见彩图

（b）以渗透系数 K 为目标的模型参数敏感性

图 7.4　考虑溶液条件时包料区化学淤堵与渗透系数协同演变模型参数敏感性分析结果

　　当溶液条件确定时，仅考虑包料区物理特性参数对模型的敏感性。图 7.5 为等流速等饱和指数条件下包料区模型参数敏感性分析结果。从图 7.5 中可知，以渗透系数为目标的模型参数敏感性分析中，在结晶沉淀过程前期，参数主敏感性随着结晶沉淀的进行呈现较大波动，ϕ 随着结晶沉淀量的增加先快速下降，再快速上升，后期保持缓慢上升；d_s 随着结晶沉淀量的增加先快速上升，再快速下降，后期保持缓慢下降；L 则快速上升至平台处，然后保持稳定；在包料区化学淤堵前期，总敏感性大于主敏感性，表明参数之间有较强的耦合作用；在后期，参数敏感性由大到小依次为 ϕ、L、d_s，各参数的主敏感性和总敏感性基本一致，参数间可不考虑交互作用。以结晶沉淀量为目标的模型参数敏感性分析中，d_s、L 敏感性较高，这是因为包料区化学淤堵速率的模型和反应位置与入口端的距离 x 密切相关，d_s 和 L 直接决定包料区入口端和石英砂柱中反应位置与入口

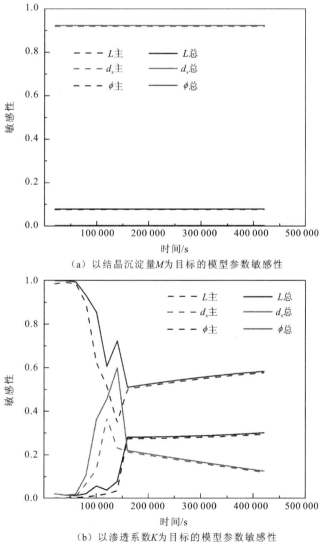

（a）以结晶沉淀量 M 为目标的模型参数敏感性

（b）以渗透系数 K 为目标的模型参数敏感性

图 7.5　等流速等饱和指数条件下包料区模型参数敏感性分析结果

端的距离。综上所述，包料区对结晶沉淀量最敏感的参数为石英砂的粒径 d_s，这与第 6 章穿透试验发现的结晶沉淀主要发生在石英砂柱入口端一致。因此，不同于物理淤堵考虑合成外包料上游土壤颗粒的移动，在化学淤堵的过程中，只考虑合成外包料自身的化学淤堵过程即可。

7.2 合成外包料化学淤堵与渗透系数协同演变预测

化学淤堵与渗透系数协同演变模型参数敏感性分析的结果表明，影响化学淤堵过程的主要因素为溶液的饱和指数 SI 和流速 V。因此，有必要对不同溶液条件下的化学淤堵过程进行模拟。在不考虑溶液条件时，影响合成外包料和包料区化学淤堵过程的主要因素为合成外包料纤维直径 d_f 和包料区孔隙率 ϕ。结合第6章的结论，化学淤堵发生在包料区入口端界面处，因此本节只对合成外包料的化学淤堵过程进行情景模拟和预测分析。

7.2.1 不同饱和指数、流速和水力梯度下合成外包料的化学淤堵过程

不同饱和指数 SI、流速 V 和水力梯度 i 条件下合成外包料结晶沉淀过程的模拟结果如图 7.6～图 7.8 所示。在不同饱和指数、不同流速和水力梯度溶液中，合成外包料上的结晶沉淀量随着时间的增加呈线性增加的趋势，饱和指数越高、流速越高，结晶沉淀量越大。合成外包料的渗透系数随着结晶沉淀量的增加而减小，结晶沉淀量增加越快，渗

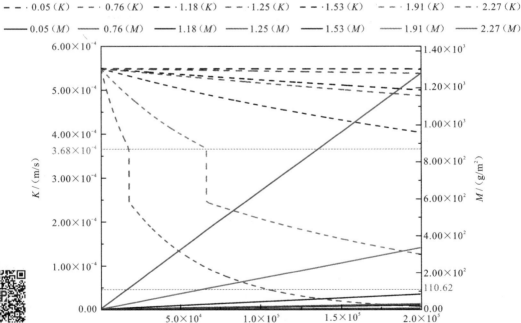

图 7.6　不同饱和指数流动溶液中合成外包料结晶沉淀量和渗透系数的变化

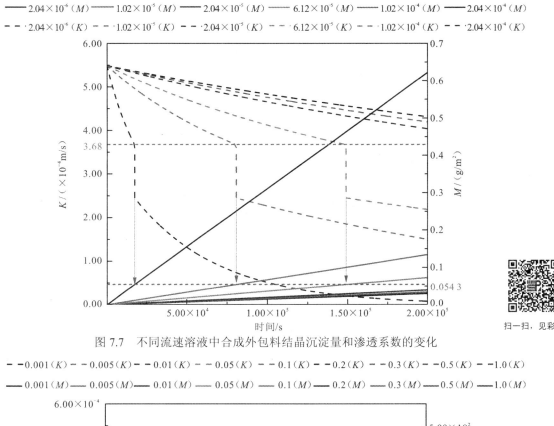

图 7.7 不同流速溶液中合成外包料结晶沉淀量和渗透系数的变化

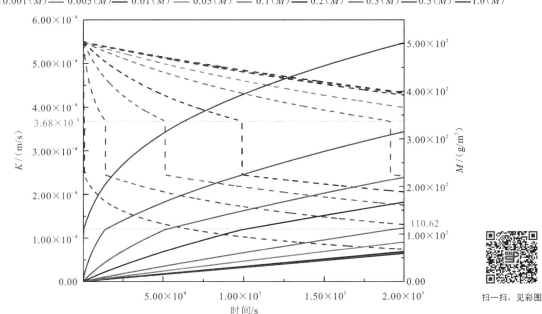

图 7.8 不同水力梯度下合成外包料结晶沉淀量和渗透系数的变化

透系数下降越快。当结晶沉淀量的面密度增加至 110.62 g/m² 时，合成外包料的渗透系数下降至 3.68×10^{-4} m/s 后垂直下降，然后再缓慢下降，结合第 5 章分析可知，其分别对应结晶沉淀过程的内部纤维结晶沉淀阶段和外部结垢生长阶段，当合成外包料的结晶沉淀量等于 110.62 g/m² 时，合成外包料的孔隙面积下降至 0，此时渗透系数下降至合成外包料初始渗透系数的 67.4%，远大于周围土壤的渗透系数。不同水力梯度下，结晶沉淀量的增长速度随着时间的增加而减缓，这是因为合成外包料的渗透系数逐渐降低，当降低至 3.68×10⁻⁴ m/s 时，结晶沉淀量增加至 110.62 g/m²，结晶沉淀量增长速度明显变缓；之后渗透系数垂直下降，然后缓慢降低。等水头结晶沉淀过程渗透系数的变化与等流速和等流量过程不同，试验结束后，渗透系数均大于 5.00×10⁻⁵ m/s。这说明等水头渗透过程中，合成外包料的淤堵会降低合成外包料的渗透系数，进而降低合成外包料的结晶沉淀速率，渗透过程与结晶沉淀过程互相影响。

7.2.2 农田排水中合成外包料化学淤堵与渗透系数的变化过程

从表 3.3 可知，农田排水中合成外包料的渗透系数远远大于周围土体的渗透系数，合成外包料中溶液流动速度受土体与合成外包料自身两种介质共同影响。根据串联定律，此时整个排水系统的渗透系数由土体和合成外包料的共同结构决定，其可以表示为

$$k_s = \frac{L_\pm + T_g}{L_\pm / k_\pm + T_g / k_g}$$

（7.1）

式中：$L_\pm$ 为渗透土层的厚度，量纲为 L；T_g 为合成外包料的厚度，量纲为 L；k_s、$k_\pm$ 和 k_g 分别为排水系统、土体和合成外包料的渗透系数，量纲为 LT^{-1}。

根据新疆地区灌排水样的含盐量、离子含量、pH 等水质统计信息，利用 PHREEQC 软件计算饱和指数，其调查统计结果见图 7.9（Guo et al.，2020；李小东 等，2016；梁涛，2006）。从图 7.9 中可知，新疆地区灌排水样中碳酸钙和镁离子的质量浓度随着总含盐量的增加而增加，两者呈线性关系。碳酸钙的饱和指数随着总含盐量的增加先快速

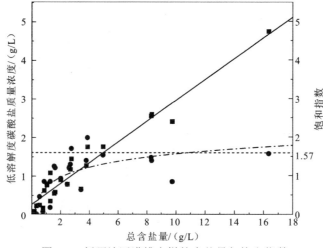

图 7.9 新疆地区灌排水样的含盐量与饱和指数

增加，然后保持稳定，两者呈对数关系。所有水质调查地区碳酸钙的饱和指数全部小于 1.98，其中大部分地区的饱和指数处于 1.0～1.57。这说明自然界水样中钙离子、碳酸氢根离子浓度的增加会使其饱和指数增加，但增加至一定饱和指数时，钙离子会从溶液中沉淀析出，不会使饱和指数不断增加。

第 4 章的结晶沉淀试验指出，0.005 mol/L、0.010 mol/L 的 $NaHCO_3$ 与 $CaCl_2$ 等体积混合溶液中碳酸钙的饱和指数分别为 1.18 和 1.53。为了与室内试验结果进行对比，本节分别将饱和指数 1.18 和 1.53 作为新疆地区化学淤堵风险预测的水质参数区间上下限；土层的渗透系数采用新疆 1#～3#调查区域排水暗管埋深处土壤渗透系数的最大值 $3.16×10^{-6}$ m/s，排水过程中整个土层的渗透系数保持不变；假设排水过程中水头为定值 1。

基于合成外包料化学淤堵与渗透系数协同演变模型对排水系统的渗透系数进行预测，结果如图 7.10 所示。从图 7.10 中可以看到，与合成外包料上结晶沉淀量随着渗透系数的减小，增加趋势放缓不同（图 7.8），农田排水系统中合成外包料上的结晶沉淀量随着时间推移呈线性增加的趋势，说明合成外包料渗透系数的变化在试验前期对整个系统的影响较小，合成外包料渗透系数降低至初始渗透系数的 0.01%时，整个排水系统的渗透系数下降 1%，对排水系统的渗透系数影响较小。因此，整个排水过程中，排水系统大部分时间的渗透流速较为稳定，结晶沉淀量线性增加。

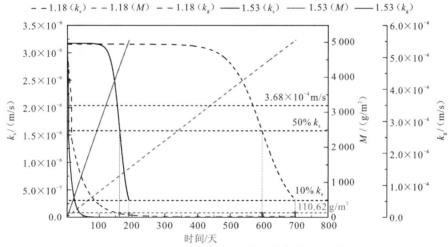

扫一扫，见彩图

图 7.10　新疆地区农田排水合成外包料化学淤堵过程预测

排水系统合成外包料的渗透系数随着结晶沉淀量的增加，先快速降低；而整个排水系统的渗透系数随着合成外包料结晶沉淀量的增加呈先缓慢下降，后快速降低的趋势，并且随着合成外包料渗透系数的降低，进一步证明了合成外包料渗透系数非常小时才能对排水系统产生影响。从图 7.10 中可见，在溶液饱和度为 1.18，排水系统的渗透系数下降至初始渗透系数的 50%、10%时，需要的时间分别为 596.09 天、700.37 天。关于新疆大田暗管排水试验的田间调查及相关试验表明，田间排水历时一般为 15 天左右（李显溦 等，2016）。假设每年排水过程中溶液的饱和指数和排水量保持不变，每年排水一次，则由化学淤堵导致的新疆地区农田排水系统的渗透性能下降 50%的时间为 10.7～39.7

年，下降90%需要的运行时间为12.7～46.7年。假设每两年冬灌淋洗一次，则花费的时间为21.4～79.4年，下降90%花费的时间为25.4～93.4年。

7.3　化学淤堵对农田排水排盐过程的影响

7.3.1　暗管排水排盐田间试验

试验田为新疆铁门关天河十连四支十农条田，地处北纬41°54′、东经86°27′。试验田地处焉耆盆地中心，海拔1 054 m，属霍拉山沟口的开都河古冲洪积扇与开都河中下游冲积平原的缓变区。该地区属于典型的温带大陆性干旱气候，多年平均降水量为73.1 mm，多年平均蒸发量为1 890.1 mm，平均气温为8.4 ℃，无霜期为175天，最大冻土深度为95 cm。研究区域土壤以粉土为主，砂粒、粉粒和黏粒含量分别约为6.7%、89%和4.3%。试验前地下水埋深为2.25 m左右，土壤0～200 cm剖面内的平均质量含盐量大于6 g/kg，土壤盐渍化程度较高。

试验田长约82 m，宽约30 m，灌溉水源通过左侧的灌水渠道进入田面，从右侧的排水明沟排出，排水明沟相对于田埂的深度约为2.75 m。在排水明沟的垂直方向上铺设三根聚氯乙烯（polyvinyl chloride，PVC）管，埋设范围由排水明沟到灌水渠道，总长为85 m（暗管坡降均为2‰）。暗管埋深为1.4 m，间距为10 m，其中两根位于两侧用于保护暗管，中间的暗管则用于监测和采样。暗管采用直径为110 mm、开孔率为3%的PVC单壁波纹管，在周围包裹无纺布以防止土壤颗粒进入管道。试验田位置、灌水渠道、排水明沟、暗管的空间位置如图7.11所示。

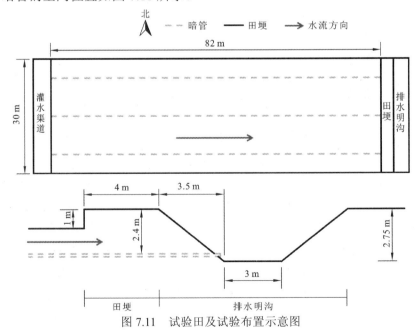

图7.11　试验田及试验布置示意图

2018 年 10～11 月和 2019 年 9 月在试验田分别进行了漫灌和滴灌淋洗试验，试验期间均无降水。在漫灌淋洗试验中，每 4 h 监测一次支渠流量，在灌水时间内求和计算得到总灌水量，并在整个试验田上进行平均得到灌水定额，为 57 cm。在滴灌淋洗试验中，滴灌带与发射器的间距分别为 110 cm 和 30 cm，通过水管上的流量计监测得到灌水定额为 20 cm。

试验淋洗用水来自上游河流，通过灌区支渠输送至田间。经监测，漫灌和滴灌灌水电导率分别为 368 μS/cm 和 317 μS/cm，折合矿化度分别约为 1.9 g/L 和 1.8 g/L。结合灌水定额可知，灌水引入田间的盐分约为 1.1 kg/m² 和 1.0 kg/m²，该数值远小于灌水前土壤剖面 200 cm 以内土壤盐分质量（约为 26.5 kg/m²），因此不考虑灌溉水盐分对土壤盐分结果的影响。

为研究土壤水盐含量变化，在灌溉前和排水过程结束后，分别对土壤进行取样，具体的取样日期分别为 2018 年 10 月 8 日和 11 月 17 日及 2019 年 8 月 26 日和 9 月 28 日。漫灌会使地表在试验前期存在积水层，水面蒸发影响积水层的厚度，土壤水盐主要在漫灌水层作用下向下迁移，并未考虑水面蒸发对水盐迁移的直接影响。针对水面蒸发对积水层厚度的影响，采取了折减计算的方法。具体操作包括：基于现场观测获取的漫灌水层存在的时间长度，结合气象数据中的日蒸发量，来计算积水层存在期间的总蒸发水量；再将监测得到的灌水定额和水面蒸发量相减，得到折减后漫灌的灌水定额，其数值为 56 cm。2019 年采用滴灌进行淋洗，不需要考虑积水层的水面蒸发影响，其灌水定额仍为 20 cm。

土壤样品通过土钻取样得到，取样深度为 1.6 m，若地下水浅于 1.6 m，则以取到地下水位深度为止。在竖直方向上每 20 cm 取一次样，平面上在田块中央距离暗管不同垂向位置上（1.0 m、1.5 m、2.5 m）设置 3 个土壤取样点，以反映土壤脱盐效果。

土壤质量含水率通过烘干法测得，土壤体积含水率通过质量含水率乘以土壤容重获得。其中，土壤容重通过开挖土壤剖面并利用环刀取样获得，土壤各层饱和渗透系数通过恒定水头的双套环入渗试验获得，同时利用激光粒径分析仪（Mastersizer 3000）测得黏粒、粉粒及砂粒的含量，水土质量比为 2.5∶1 时进行测定，各层容重、饱和渗透系数及颗粒组成如表 7.3 所示。对于土壤含盐量，通过电导率仪（METTLER TOLEDO FE38-Standard）测得土壤 1∶5 浸提液的电导率（$EC_{1:5}$），并选取一定数量土样利用残渣烘干法测得土壤含盐量（TDS），率定 $EC_{1:5}$ 和 TDS 的关系曲线后，将其余 $EC_{1:5}$ 转化为 TDS。经率定，试验所在地 TDS 和 $EC_{1:5}$ 的关系曲线可以表示为

$$TDS = 5.2EC_{1:5} - 0.379, \qquad R^2 = 0.95 \tag{7.2}$$

式中：TDS 为土壤含盐量，g/kg；$EC_{1:5}$ 为土壤 1∶5 浸提液的电导率，mS/cm。

表 7.3　试验地土壤容重、饱和渗透系数及颗粒组成

深度/cm	容重/（g/cm³）	颗粒组成			饱和渗透系数 K_s/（cm/d）
		砂粒含量/%	粉粒含量/%	黏粒含量/%	
0～20	1.19	5.70	89.11	5.19	83.37
20～40	1.46	5.41	89.90	4.69	34.13

深度/cm	容重/（g/cm³）	颗粒组成			饱和渗透系数 K_s/（cm/d）
		砂粒含量/%	粉粒含量/%	黏粒含量/%	
40～60	1.60	5.22	90.46	4.32	20.60
60～80	1.45	4.47	90.71	4.82	33.54
80～100	1.63	5.36	90.37	4.27	18.51
100～120	1.68	5.00	90.67	4.33	14.92
120～140	1.71	7.52	88.37	4.11	14.60
140～160	1.66	9.22	87.02	3.76	19.07

为了研究排水系统出水流量及盐分浓度，在明沟排水过程中通过抽水泵油耗数据拟合明沟流量，其间未测量明沟排水的电导率。在暗管排水过程中，对漫灌和滴灌处理的中间暗管流量进行监测，并对暗管出水进行取样。暗管出水流量监测频率与暗管出水取样频率保持一致，为 2～4 次/天（排水初期频率大，后期频率小）。其中，暗管排水流量通过量筒测量体积并配合秒表得到，暗管出水水样通过水样瓶取得。暗管排水电导率（EC_W）通过电导率仪测得，并选取一定数量水样利用残渣烘干法测得矿化度（C_W），率定 EC_W 和 C_W 的关系曲线后，将其余 EC_W 转化为 C_W。将暗管排水浓度与暗管排水流量相乘，并在排水时长内求和，得到暗管累计排盐量。经率定，试验所在地 C_W 和 EC_W 的关系曲线可以用式（7.3）来表示。

$$C_W=2.36EC_W+1.05, \quad R^2=0.99 \tag{7.3}$$

式中：C_W 为暗管排水矿化度，量纲为 ML^{-3}；EC_W 为暗管排水电导率，量纲为 $L^{-3}M^{-1}T^3I^2$。

7.3.2 暗管排水排盐数值模型

因为田间试验能够探究的工况有限，并且工作量较大，不利于探究化学淤堵对暗管排水排盐的影响规律。本章采用水流和溶质运移模拟软件（HYDRUS-2D）模型进行暗管排水条件下土壤水盐动态模拟，模型采用二维饱和-非饱和理查兹（Richards）方程（Šimůnek et al.，2022）描述土壤水分运动：

$$\frac{\partial \theta}{\partial t} = \frac{\partial}{\partial x}\left[K(\theta)\frac{\partial \theta}{\partial x}\right] + \frac{\partial}{\partial z}\left[K(\theta)\left(\frac{\partial \theta}{\partial z}\right)\right] + \frac{\partial K(\theta)}{\partial z} - S^* \tag{7.4}$$

式中：θ 为土壤体积含水率，量纲为 $L^3 \cdot L^{-3}$；$K(\theta)$ 为土壤非饱和渗透系数，量纲为 $L \cdot T^{-1}$；t 为时间，量纲为 T；S^* 为一个源汇项，量纲为 T^{-1}，在本节中设置为 0；x 为平面坐标，量纲为 L；z 为垂直坐标，量纲为 L。

Van Genuchten 模型被用来描述土壤水力特性（Van Genuchten，1980；Mualem，1976）：

$$\theta(h) = \theta_r + \frac{\theta_s - \theta_r}{(1 + |\alpha h|^n)^m} \tag{7.5}$$

$$K(h) = K_s S_e^l \left[1 - (1 - S_e^{\frac{1}{m}})^n \right]^2 \tag{7.6}$$

$$S_e = \frac{\theta - \theta_r}{\theta_s - \theta_r} \tag{7.7}$$

式中：$\theta(h)$ 为体积含水率，量纲为 $L^3 \cdot L^{-3}$；θ_s 为饱和含水率，量纲为 $L^3 \cdot L^{-3}$；θ_r 为残余含水率，量纲为 $L^3 \cdot L^{-3}$；h 为负压水头，量纲为 L；$K(h)$ 为土壤非饱和渗透系数，量纲为 $L \cdot T^{-1}$；K_s 为土壤饱和渗透系数，量纲为 $L \cdot T^{-1}$；S_e 为有效饱和度；α 为与土壤物理性质有关的经验参数；n 为与多孔介质有关的参数；$m = 1 - \dfrac{1}{n}$；l 为经验拟合参数，通常取 0.5。

模型中采用二维对流弥散方程来描述土壤盐分的运移（Clothier et al.，1998；Van Genuchten and Wagenet，1989）：

$$\frac{\partial(\theta C)}{\partial t} = \frac{\partial}{\partial x}\left(\theta D_x \frac{\partial C}{\partial x}\right) + \frac{\partial}{\partial z}\left(\theta D_z \frac{\partial C}{\partial z}\right) - \frac{\partial(k_x C)}{\partial x} - \frac{\partial(k_z c)}{\partial z} \tag{7.8}$$

式中：C 为溶质浓度，量纲为 $M \cdot L^{-3}$；θ 为体积含水率，量纲为 $L^3 \cdot L^{-3}$；k_x、k_z 为土壤饱和渗透系数，量纲为 $L \cdot T^{-1}$；t 为时间，量纲为 T；D_x、D_z 为饱和-非饱和水动力弥散系数，量纲为 $L^2 \cdot T^{-1}$。

考虑到组合排水系统模拟区域的水力性质，底部边界为不透水边界，设定为零通量边界；上部边界主要受到灌溉入渗和入渗结束后的蒸发影响，所以需要设为考虑积水效应的大气边界。总灌水定额以降水的形式平均至 5 天并作为参数输入模型。由于灌溉水的质量含盐量相较于土壤的质量含盐量非常低，所以不考虑其带来的盐分影响。潜在蒸发强度按照当地水面蒸发强度取为 0.37 cm/d。内部暗管和出口明沟处水分自由流出，设置为渗透边界。其他边界均设定为零通量边界，模拟时长设置为40天，暗管管径为110 mm，初始地下水埋深根据观测井数据设置为 225 cm，初始体积含水率和质量含盐量的值分别取试验田 2018 年和 2019 年灌水前的实测值，模型示意图如图 7.12 所示。

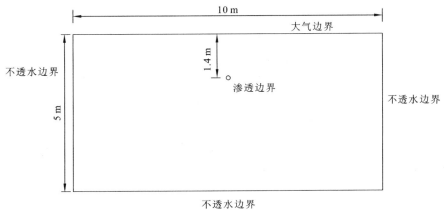

图 7.12 暗管排水模拟区域示意图

7.3.3 化学淤堵对排水排盐的影响

根据观测的田间试验灌溉排水过程，将 2018 年的漫灌处理用于模型参数的率定，2019 年的滴灌处理为验证组，使用 HYDRUS-3D 模型对田间土壤的未知参数残余含水率 θ_r、饱和含水率 θ_s、与土壤物理性质有关的经验参数 α、与多孔介质有关的参数 n、土壤饱和渗透系数 K_s 进行标定，将实测土壤剖面体积含水率、质量含盐量及排水排盐过程作为评价模型好坏的指标。

首先，根据测得的各土层容重和粒径分布，通过 HYDRUS-3D 模型中的人工神经网络计算工具计算初始输入的土壤参数。在田块中央距离暗管 2.5 m 处的 10 cm、30 cm、50 cm、70 cm、90 cm、110 cm、130 cm、150 cm 土壤深度上设置观测点，以反映土壤剖面上体积含水率和质量含盐量的变化情况。调整 Van Genuchten 模型中 θ_s、α、n、K_s 的值，孔隙连通参数 I 取 0.5，当模拟值与实测值足够相似时，将此校准参数作为输入模型的参数值，最终定义的土壤水力参数如表 7.4 所示。

表 7.4 模拟场景分析的土壤水力参数

深度/cm	参数					
	θ_r/(cm³/cm³)	θ_s/(cm³/cm³)	α/cm⁻¹	n	K_s/(cm/d)	I
0~20	0.062 1	0.488 1	0.056	1.24	83.37	0.5
20~40	0.052 5	0.423 0	0.062	1.22	34.13	0.5
40~60	0.047 3	0.393 4	0.065	1.23	20.60	0.5
60~80	0.053 6	0.428 7	0.058	1.23	33.54	0.5
80~100	0.046 1	0.386 6	0.061	1.17	18.51	0.5
100~120	0.044 6	0.377 5	0.057	1.24	14.92	0.5
120~160	0.041 8	0.363 1	0.058	1.15	17.30	0.5
160~225	0.043 4	0.378 3	0.055	1.19	14.07	0.5
>225	0.045 9	0.391 8	0.063	1.23	13.37	0.5

选用决定系数 R^2 和均方根误差 RMSE 来评价模型的性能，将开始灌水时刻作为零时刻，将 2018 年和 2019 年土壤体积含水率、土壤质量含盐量、明沟暗管累计排水量和暗管累计排盐量的模拟值与实测值作为评价指标。模型体积含水率指标的 R^2 分别为 0.978 和 0.821，对应的 RMSE 分别为 0.019 6 cm³/cm³ 和 0.040 0 cm³/cm³，如图 7.13 所示。

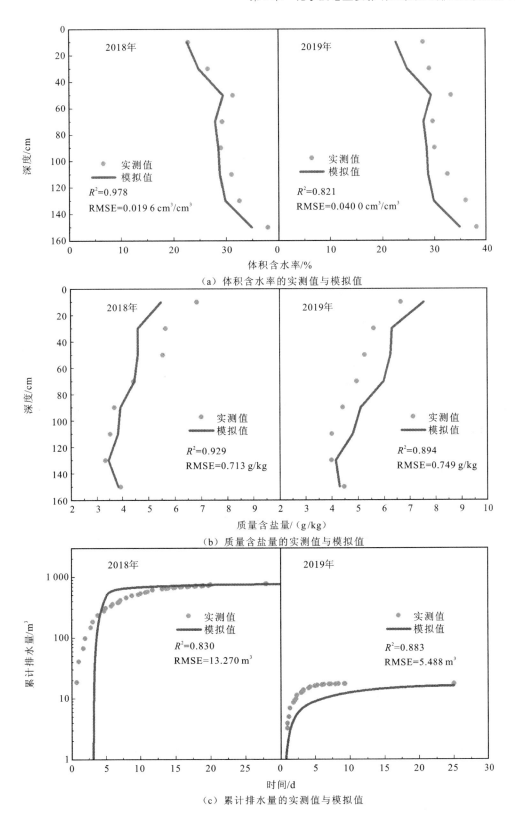

（a）体积含水率的实测值与模拟值

（b）质量含盐量的实测值与模拟值

（c）累计排水量的实测值与模拟值

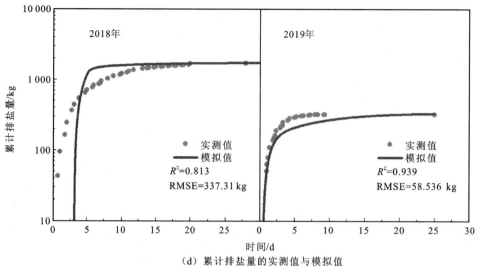

（d）累计排盐量的实测值与模拟值

图 7.13 HYDRUS 3D 模型模拟值和实测值拟合情况

暗管合成外包料不同淤堵程度下土壤剖面体积含水率与质量含盐量如图 7.14 所示，灌水前 0~100 cm 平均体积含水率约为 19.5%，呈现由上到下先增大后减小的趋势，在 60~80 cm 深度处出现体积含水率最大值。试验结束后土壤剖面体积含水率升高，0~100 cm 平均体积含水率为 32%~33%，土壤表层的体积含水率显著升高。当 K_s 为 10%~100%的土壤饱和渗透系数时，灌水后的体积含水率相差不大，而当为 2%的土壤饱和渗透系数时，土壤剖面灌水后的体积含水率显著高于其他试验组，这是因为暗管合成外包料淤堵导致排水性能下降，较多的水分保留在土壤中，造成灌水后土壤体积含水率较高。灌水前土壤剖面质量含盐量呈现上大下小的趋势，盐分主要在土壤表面聚集，在 0~100 cm 平均质量含盐量为 9.17 g/kg，大于 100 cm 时平均质量含盐量为 7.75 g/kg。试验

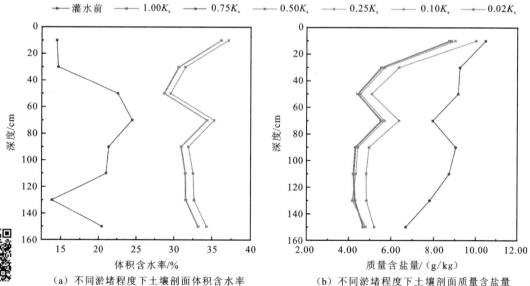

（a）不同淤堵程度下土壤剖面体积含水率

（b）不同淤堵程度下土壤剖面质量含盐量

图 7.14 暗管合成外包料不同淤堵程度下土壤剖面体积含水率与质量含盐量

扫一扫，见彩图

结束后由于淋洗冲盐作用，土壤剖面含盐量明显降低，在 0~100 cm 平均质量含盐量为 5.23 g/kg，大于 100 cm 时平均质量含盐量 3.59 g/kg，原本积聚在表层的盐分在水分运动的作用下迁移到了更深的部位。当 K_s 为 10%~100%的土壤饱和渗透系数时，灌水后的质量含盐量相差不大，而当为 2%的土壤饱和渗透系数时，土壤剖面灌水后的质量含盐量显著高于其他试验组，这是因为水是盐分运动的主要途径，合成外包料淤堵导致排水量减少，盐分难以排出土壤。

将开始灌水时刻作为零时刻，试验过程中暗管累计单位长度断面排水量、累计单位长度断面排盐量如图 7.15 所示。K_s 由大到小，暗管的累计单位长度断面排水量分别为 1.43 m³、1.42 m³、1.41 m³、1.38 m³ 和 1.29 m³，累计单位长度断面排水量之比为 1.000、0.993、0.986、0.965、0.902 和 0.657。由此可见，累计单位长度断面排水量随着 K_s 的减

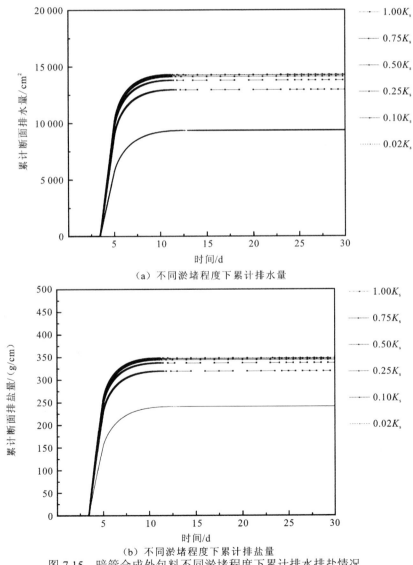

（a）不同淤堵程度下累计排水量

（b）不同淤堵程度下累计排盐量

图 7.15　暗管合成外包料不同淤堵程度下累计排水排盐情况

小而减小,且 K_s 的减小会推迟排水过程结束的时间。K_s 由大到小,暗管的累计单位长度断面排盐量分别为 348 g/cm²、347 g/cm²、344 g/cm²、337 g/cm²、319 g/cm² 和 241 g/cm²,累计单位长度断面排盐量之比为 1.000、0.997、0.989、0.968、0.917 和 0.093。由此可见,累计单位长度断面排盐量随着 K_s 的减小而减小。由图 7.16 可知,K_s 由大到小,脱盐率分别 35.34%、35.24%、35.08%、34.62%、33.24% 和 25.65%,表明合成外包料的淤堵会显著降低盐渍农田的脱盐效果,K_s 的值越小,脱盐率越低。

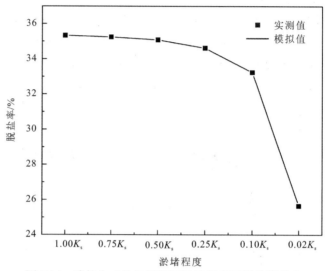

图 7.16　暗管合成外包料不同淤堵程度下淋洗脱盐率

7.4　本章小结

本章基于所构建的合成外包料化学淤堵模型,应用经典的 EFAST 法对模型参数进行全局敏感性分析。对主要因素影响下合成外包料化学淤堵与渗透系数的变化过程进行了模拟,并探究了合成外包料结构优化和改性对化学淤堵的防治作用,主要结论如下。

(1)当考虑溶液条件时,饱和指数 SI 和 V 是影响合成外包料和包料区化学淤堵与渗透系数的主要因素,以渗透系数为目标的模型参数 SI 和 V 的敏感性不随着时间发生变化,以结晶沉淀量为目标的模型参数 SI 和 V 的总敏感性均随着时间逐渐增加。当不考虑溶液条件时,在等流速和等水头条件下合成外包料参数 T_g、μ_g、N_{dt}、d_f 和 a 的敏感性均随着时间发生变化,其中 d_f 的敏感性随着时间的增加呈增加趋势。

(2)合成外包料的结晶沉淀速率随着溶液流速、浓度和水力梯度的增加而增加,当合成外包料的孔隙完全淤堵时,合成外包料的渗透系数下降至初始渗透系数的 67.4%,远大于周围土体的渗透系数,表明通过改变合成外包料的孔隙分布来改善化学淤堵对排水系统的影响是没有物理基础的。

（3）合成外包料的渗透系数下降至极小值时才会对排水系统整体产生影响，现状条件下化学淤堵导致的新疆地区农田排水系统的渗透性能下降 50%的时间为 10.7～39.7年，下降 90%需要的运行时间为 12.7～46.7 年，不满足排水暗管 30 年设计寿命，应进行改进。

（4）合成外包料化学淤堵后会降低累计排水量、排盐量，会推迟排水过程结束的时间，并且会降低排水排盐过程的脱盐率，说明合成外包料的化学淤堵会显著降低盐渍农田的脱盐效果。

第 8 章

合成外包料表面改性与结构优化
对化学淤堵过程的防控作用

淤堵防控是暗管排水工程健康运行的重要保障，其中表面改性和结构优化是两种常见的材料改性防淤堵方式。本章从影响化学淤堵过程的材料性质和结构出发探究合适的改性措施来防止合成外包料化学淤堵造成的危害。

8.1 合成外包料表面改性防控化学淤堵原理

表面涂覆和化学改性是常见的两种材料表面改性方式（Qian et al.，2020；Fabbri and Messori，2017）。其中，涂覆聚合物涂层来防止金属表面的结晶沉淀是有效且廉价的选择，目前已经有了较为充分的研究，但涂层会随着运行时间的延长逐渐脱落，不适用于长期运行的排水系统（Campbell et al.，1999；Wilbert et al.，1998；Holland et al.，1998）。通过在材料表面生成新的功能基团或者将功能基团以化学键形式与材料表面键合，在流体通过合成外包料时不会溶解和流失功能基团，同时不影响合成外包料的内部结构，可以通过接枝不同类型的聚合物链实现不同的亲疏水性，但目前关于合成外包料表面改性对结晶沉淀过程影响规律的研究并不充分（Neoh et al.，2017；Dang et al.，2017a ,2017b,2014；Krysztafkiewicz et al.，1997）。

8.2 材料与方法

8.2.1 合成外包料的表面改性方案

1. 亲水改性

合成外包料需提前用丙酮索氏提取器提取 24 h，除去材料生产加工过程附着的油污等杂质，在 60 ℃烘箱中烘干 24 h 后，裁剪为直径为 3 cm 的圆片；准备高锰酸钾（国药集团化学试剂有限公司）；紫外线设备（汞灯 100 W，实验室自制）；甲基丙烯酰胺 MAA（阿拉丁试剂有限公司）；二苯甲酮（阿拉丁试剂有限公司）；曲拉通乳化剂（阿拉丁试剂有限公司）；乙醇（国药集团化学试剂有限公司）；去离子水。

1）高锰酸钾氧化还原处理

40 mL 反应瓶中加入高锰酸钾（150 mg）和去离子水（15 mL），采用超声溶解，将预处理的合成外包料（150 mg，3 片）浸润其中，在 80 ℃下反应一定时间得到不同改性程度的合成外包料。然后将改性后的材料先用去离子水洗 3 遍，再用丙酮溶液洗 2 遍后放入 50 ℃烘箱中干燥，称重后置于密封袋中保存。

2）表面接枝修饰处理

250 mL 锥形瓶中加入甲基丙烯酰胺 MAA（20 g）和去离子水（90 mL），随后加入曲拉通乳化剂（1 mL）和含有二苯甲酮（1 g）的乙醇溶液（10 mL），振荡均匀。将预处理的合成外包料（30 片）浸润于上述溶液中 1 h，然后取出放入密封袋中，加入少许反应液，挤出袋中空气，然后置于紫外线下照射（单面 20 min，总计 40 min）。然后将改性后的材料先用去离子水洗 3 遍，用乙醇溶液洗 3 遍，再用丙酮溶液洗 3 遍后放入 50 ℃烘箱中干燥，置于密封袋中保存。

2. 疏水改性

合成外包料需提前用丙酮索氏提取器提取 24 h，除去材料生产加工过程附着的油污等杂质，在 60 ℃烘箱中烘干 24 h 后，裁剪为直径为 3 cm 的圆片；准备紫外线设备（汞灯 100 W，实验室自制）；甲基丙烯酸十二氟庚酯（萨恩化学技术有限公司）；二苯甲酮（阿拉丁试剂有限公司）；曲拉通乳化剂（阿拉丁试剂有限公司）；乙醇（国药集团化学试剂有限公司）；高锰酸钾（国药集团化学试剂有限公司）；去离子水。

50 mL 反应瓶中加入高锰酸钾（1.5 g）和去离子水（150 mL），采用超声溶解，将预处理的合成外包料（30 片）浸润于上述溶液中，在 80 ℃下反应一定时间得到不同改性程度的合成外包料，然后将改性后的材料先用去离子水洗 3 遍，再用丙酮溶液洗 2 遍后放入 50 ℃烘箱中干燥备用。

250 mL 锥形瓶中加入甲基丙烯酸十二氟庚酯（40 g）和去离子水（90 mL），随后加入曲拉通乳化剂（1 mL）和含有二苯甲酮（1 g）的乙醇溶液（10 mL），振荡均匀。将预处理的合成外包料（30 片）浸润于上述溶液中 2 h，然后取出放入可密封袋中，加入少许反应液，挤出袋中空气，然后置于紫外线下照射（单面 30 min，总计 1 h）。将改性后的材料先用去离子水洗 3 遍，用乙醇溶液洗 3 遍，再用丙酮溶液洗 3 遍后放入 50 ℃烘箱中干燥，置于密封袋中保存，通过接触角、红外反射光谱和 SEM 图像表征纤维表面结构和性能的变化。

8.2.2 表面改性合成外包料在流动溶液中的结晶沉淀试验

流动溶液结晶沉淀试验装置主要用于探究流动条件下盐分在改性后的合成外包料上的结晶沉淀过程及其对合成外包料渗透系数的影响。试验装置如图 8.1 所示，试验步骤同 4.2.2 小节。试验过程中设置 0.005 mol/L、0.010 mol/L 和 0.020 mol/L 三个浓度，并且

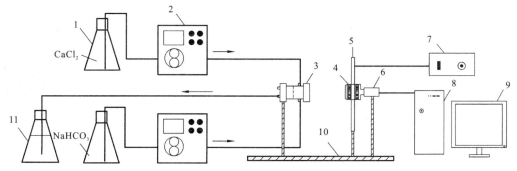

1 试剂瓶；2 恒流蠕动泵；3 透明反应柱；4 微距镜头；5 面板光源；6 工业相机；7 光强控制器；
8 主机；9 显示器；10 支撑架；11 尾液瓶

图 8.1 改性后合成外包料结晶沉淀试验装置

在试验过程中通过工业相机对结晶沉淀过程进行拍照，记录改性后合成外包料上结晶沉淀物质的积累过程。

8.2.3 结晶沉淀试验前后合成外包料理化性质的测量

合成外包料及结晶沉淀物质的微观形貌对合成外包料的渗透系数有较大影响。合成外包料及其上部结晶沉淀物质的形貌、沉淀物质的矿物组成及沉淀前后合成外包料渗透系数的测试分析方法同 3.2 节。

8.3 合成外包料表面改性及其对结晶沉淀的影响

8.3.1 表面改性处理后合成外包料的形貌及接触角的变化

从图 8.2 可见，合成外包料表面改性后，呈现出不同的表面形貌。与原始外包料（P-k）的光滑形貌相比，在接枝甲基丙烯酰胺 MAA 后，P-g-x40 合成外包料呈现粗糙表面；高锰酸钾氧化处理后，P-M240 与 P-M720 合成外包料表面出现点状颗粒，处理时间越长，颗粒越明显；在接枝甲基丙烯酸十二氟庚酯后，P-g-F40 与 P-g-F60 合成外包料表面有明显的尖状突起，反应时间越长，尖状突起物质越多。从表 8.1 可见，P-g-x40、P-M720、P-M240、P-k、P-g-F40 和 P-g-F60 合成外包料的初始面密度分别是（89.9±4.5）g/m^2、（87.5±4.4）g/m^2、（90.9±4.5）g/m^2、（92.0±4.6）g/m^2、（111.3±5.6）g/m^2 和（122.7±6.1）g/m^2。

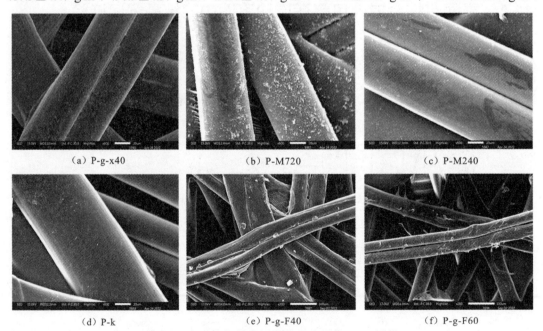

图 8.2 合成外包料表面改性处理后的 SEM 图像

表 8.1　合成外包料表面改性处理后的接触角和初始面密度

项目	编号					
	P-g-x40	P-M720	P-M240	P-k	P-g-F40	P-g-F60
接触角/（°）	0	38.8	84.7	119.8	130.2	141.1
初始面密度/（g/m²）	89.9±4.5	87.5±4.4	90.9±4.5	92.0±4.6	111.3±5.6	122.7±6.1

从表 8.1 可见，表面改性处理可以改变原始合成外包料（P-k）的接触角。其中，高锰酸钾氧化处理后合成外包料的接触角随着氧化作用时长的增加而减小，当反应时长分别为 4 h 和 12 h 时，合成外包料的接触角从 119.8° 分别降低至 84.7°（P-M240）和 38.8°（P-M720）；在接枝甲基丙烯酰胺 MAA 后，合成外包料的接触角降为 0°（P-g-x40）；在接枝甲基丙烯酸十二氟庚酯后，合成外包料的接触角随着紫外线光照时间的增加而增加，当光照处理时间为 20 min 和 30 min 时，接触角分别增加至 130.2°（P-g-F40）和 141.1°（P-g-F60）。

从图 8.3 可见，合成外包料表面改性处理后的红外反射光谱呈现出不同的峰形。与原始合成外包料（P-k）的特征吸收峰对比可见，在接枝甲基丙烯酰胺 MAA 后，P-g-x40 外包料在波数为 1 601 cm⁻¹ 和 1 650 cm⁻¹ 位置出现羧酸特征吸收峰，对应的是酰胺 I 谱带（羰基 C＝O 和 N—H 拉伸振动），在波数为 1 202 cm⁻¹ 处出现的峰归属为酰胺 Ⅲ 谱带（C—N 振动产生的吸收峰），在 3 344 左右出现仲酰胺 N—H 伸缩振动产生的吸收峰，从以上分析可以看出，单体甲基丙烯酰胺 MAA 接枝到合成外包料上，新增的羧酸基团使合成外包料亲水性增强（Prachayawarakorn and Wattana，2005）；在高锰酸钾氧化处理后，在波数为 1 739 cm⁻¹ 处为羰基的吸收峰，在 3 381 附近出现的包峰为羟基（—OH）

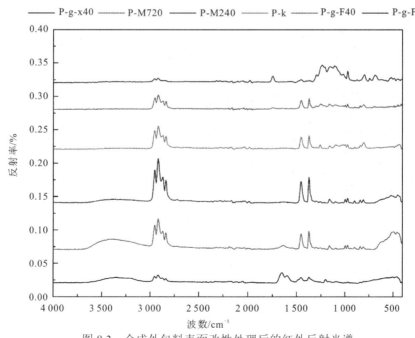

图 8.3　合成外包料表面改性处理后的红外反射光谱

所特有的特征吸收峰，说明 P-M240 与 P-M720 合成外包料表面通过高锰酸钾溶液的氧化作用能够产生两种亲水基团，处理时间越长，凸起越明显，表明羟基的数量越多，亲水性越强（Wang et al.，2010；Ng and Mintova，2008）；在接枝甲基丙烯酸十二氟庚酯后，P-g-F40、P-g-F60 与 P-k 的特征吸收峰相比，在 1 750 cm^{-1}、1 282 cm^{-1}、1 193 cm^{-1} 和 1 109 cm^{-1} 处有新的特征吸收峰，其中波数 1 750 cm^{-1} 处的特征吸收峰归属于羰基伸缩振动峰，表明羰基接枝成功（Wang et al.，2013），而 1 282 cm^{-1}、1 193 cm^{-1} 和 1 109 cm^{-1} 处的特征吸收峰分别归属于 C—F$_3$、C—F$_2$ 和 C—F 键的伸缩振动峰，因为碳氟键基团的存在，合成外包料表面呈现疏水性（Zheng et al.，2014；Tan et al.，2012）。P-g-F60 较 P-g-F40 在 1 100～1 200 cm^{-1} 的范围内凸起更高，表明其接枝了更多的单体。

8.3.2 表面改性处理后合成外包料上的结晶沉淀过程

通过工业相机对合成外包料结晶沉淀过程进行连续拍摄，0 h、10 h、30 h、50 h 和 55 h 的图像见图 8.4。从图 8.4 可以看到，在流动溶液结晶沉淀试验中，原始合成外包料（P-k）的表面生成较多的小气泡，并且随着时间的增加，气泡逐渐变大，数量逐渐增加。对于疏水改性的合成外包料（P-g-F60），其表面气泡的生成规律相似，且相较于 P-k，其表面出现部分体积更大的气泡。对于亲水改性的合成外包料（P-M720），其表面出现的气泡数量相较于 P-k 有明显地减少，且表面出现部分体积较大的气泡；而亲水改性的合成外包料（P-g-x）在结晶沉淀试验过程中几乎没有气泡生成。

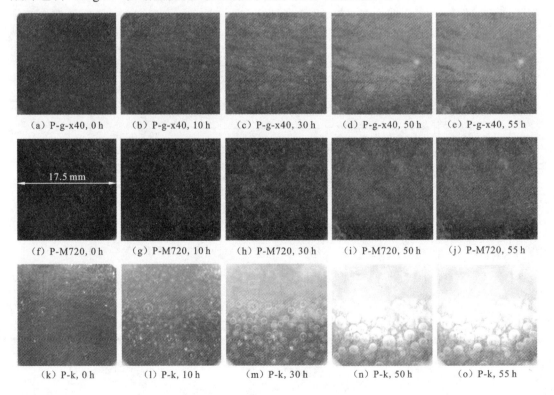

(a) P-g-x40, 0 h　　(b) P-g-x40, 10 h　　(c) P-g-x40, 30 h　　(d) P-g-x40, 50 h　　(e) P-g-x40, 55 h

17.5 mm

(f) P-M720, 0 h　　(g) P-M720, 10 h　　(h) P-M720, 30 h　　(i) P-M720, 50 h　　(j) P-M720, 55 h

(k) P-k, 0 h　　(l) P-k, 10 h　　(m) P-k, 30 h　　(n) P-k, 50 h　　(o) P-k, 55 h

(p) P-g-F60, 0 h

(q) P-g-F60, 10 h

(r) P-g-F60, 30 h

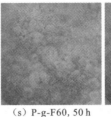
(s) P-g-F60, 50 h

(t) P-g-F60, 55 h

扫一扫，见彩图

图 8.4 不同改性处理合成外包料结晶沉淀过程

从图 8.5 可知，不同改性处理的结晶沉淀均随着溶液浓度的增加而增多，但结晶沉淀的分布有明显差异。对于亲水改性的合成外包料（P-g-x40），沉淀物质均匀覆盖在纤维表面，如图 8.5（b）所示，并随着结晶沉淀物质的增多，在外包料表面逐渐积累。由于在结晶沉淀过程中合成外包料的表面出现大量气泡，P-M720、P-g、P-g-F60 合成外包料表面结晶沉淀物质呈片状分布[图 8.5（d）～（l）]，并且随着气泡和结晶沉淀的增多，气泡的影响增大。如图 8.5（f）、（i）、（l）所示，P-M720 在 0.02 mol/L 的溶液中，因为出现较大的气泡，合成外包料部分区域沉淀物质的数量较少，而 P-g-F60 的外表面较 P-k出现明显的气泡痕迹，且沉淀物质多分布在合成外包料表面。

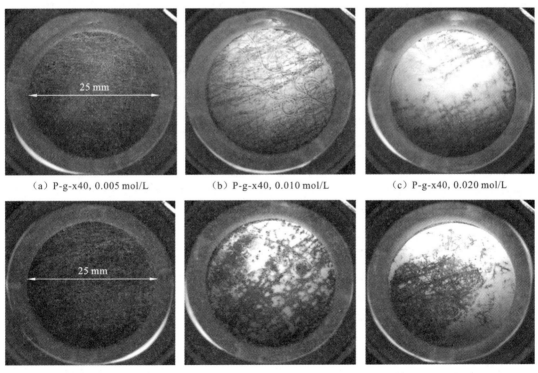

（a）P-g-x40, 0.005 mol/L   （b）P-g-x40, 0.010 mol/L   （c）P-g-x40, 0.020 mol/L

（d）P-M720, 0.005 mol/L   （e）P-M720, 0.010 mol/L   （f）P-M720, 0.020 mol/L

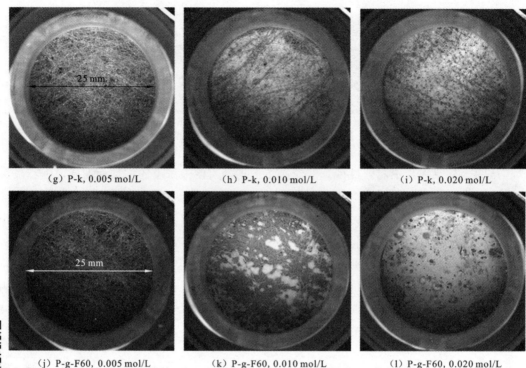

(g) P-k, 0.005 mol/L　　　　(h) P-k, 0.010 mol/L　　　　(i) P-k, 0.020 mol/L

(j) P-g-F60, 0.005 mol/L　　　　(k) P-g-F60, 0.010 mol/L　　　　(l) P-g-F60, 0.020 mol/L

扫一扫，见彩图

图 8.5　不同改性处理合成外包料结晶沉淀后形貌

从图 8.6 可知，不同表面改性处理下合成外包料表面的结晶沉淀量均随着初始溶液浓度的增加而增加。在初始溶液浓度为 0.005 mol/L 时，随着合成外包料接触角从 119.8°分别降低至 84.7°（P-M240）、38.8°（P-M720）、0°（P-g-x40），合成外包料上的结晶沉淀量分别为 12.4 g/m²、19.8 g/m²、18.9 g/m² 和 11.4 g/m²。与 P-k 上的结晶沉淀量相比，P-M240 与 P-M720 的结晶沉淀量明显增加，P-g-F40 与 P-g-x40 的结晶沉淀量无显著差异，P-g-F60 的结晶沉淀量有大幅降低，且降幅达到 38.9%。由此可知，亲水改性总体上增加了合成外包料上的结晶沉淀量，但结晶沉淀量并不随着合成外包料亲水性的增加而逐步增加。这表明亲疏水性是影响合成外包料表面结晶沉淀量的重要因素，但并不是唯一因素（Yang et al.，2023；Azimi et al.，2014；Zhao et al.，2002）。在初始溶液浓度为 0.010 mol/L 时，与 P-k 的结晶沉淀量相比，P-g-x40、P-M240 与 P-M720 的结晶沉淀量无明显变化，P-g-F40 与 P-g-F60 的结晶沉淀量随着接触角的增加而逐渐降低，P-g-F60 的降幅达到 22.1%，说明 P-g-F40 与 P-g-F60 的疏水改性在防止合成外包料结晶沉淀方面具有良好的效果。在初始溶液浓度为 0.020 mol/L 时，与 P-k 的结晶沉淀量相比，P-g-x40、P-M240、P-M720 与 P-g-F40 的结晶沉淀量无显著差异，P-g-F60 的结晶沉淀量明显降低，降幅达到 20.8%。由此可见，当结晶沉淀物质附着在合成外包料表面后，新的结晶沉淀物质将在原来结晶沉淀物质的基础上进一步生长，此时，表面改性对结晶沉淀过程的影响较小（Guo et al.，2022；Cheong et al.，2013）。

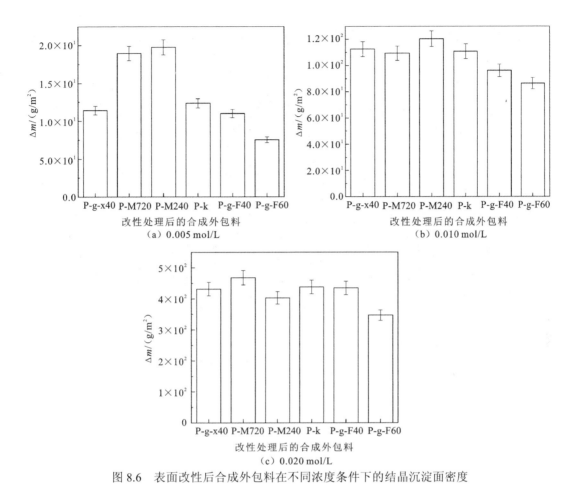

图 8.6　表面改性后合成外包料在不同浓度条件下的结晶沉淀面密度

8.3.3　表面改性处理后合成外包料上结晶沉淀物质的形貌及类型

不同表面改性处理下合成外包料表面结晶沉淀物质的形貌有明显差异，从图 8.7 可见，原始（P-k）和接枝疏水处理（P-g-F60）下结晶沉淀多以菱形晶体的形式分布在纤维表面，此外 P-k 上存在针状团簇，结合 XRD 分析结果（图 8.8）可以判定菱形晶体和针状团簇分别为方解石与球霰石（Gopi and Subramanian，2012）；P-M240 与 P-M720 的结晶沉淀多以球状绒毛团簇的形式分布在纤维表面，结合 XRD 分析结果可以判定此时外包料表面方解石、文石和球霰石并存。P-g-x40 的结晶沉淀物质呈针簇状均匀地附着在纤维表面，结合 XRD 分析结果（图 8.8）可以判定菱形晶体和针状团簇分别为方解石和球霰石。总体来看，疏水的 P-g-F60 结晶沉淀面密度小于亲水的 P-g-x40、P-M240 与 P-M720，这与图 8.5 的分析结果是一致的。

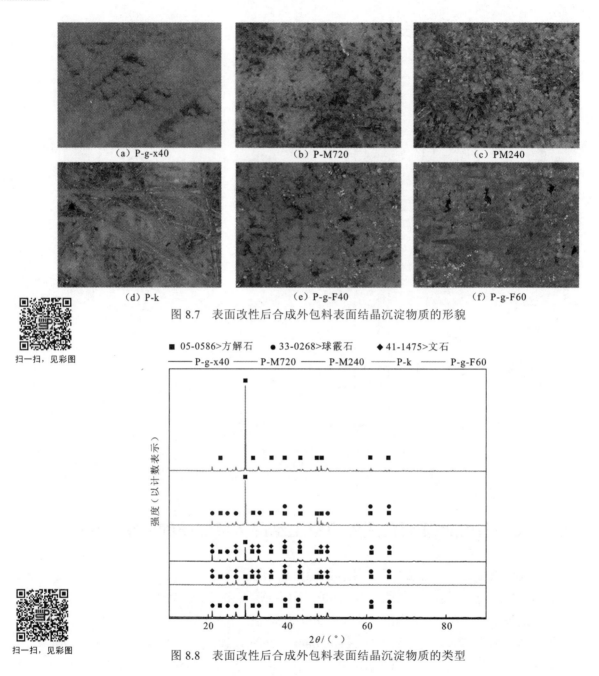

图 8.7　表面改性后合成外包料表面结晶沉淀物质的形貌

图 8.8　表面改性后合成外包料表面结晶沉淀物质的类型

8.3.4　表面改性处理的合成外包料结晶沉淀后渗透系数的变化

从图 8.9 可见，总体上不同表面改性处理的合成外包料初始渗透系数随着接触角的增加而降低，P-g-x40 的初始渗透系数从 6.02×10^{-4} m/s 下降至 5.13×10^{-4} m/s。相较于 P-k 的初始渗透系数，亲水改性（P-g-x40）增加了合成外包料的渗透性，疏水改性（P-g-F60）

降低了合成外包料的渗透性，P-M720、P-M240 与 P-g-F40 的渗透性与 P-k 的渗透性无显著差异。

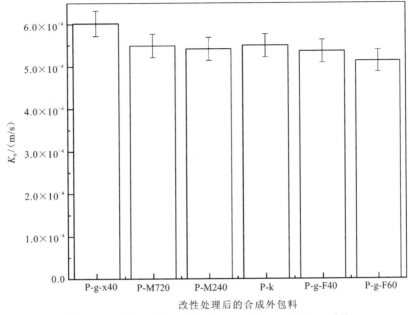

图 8.9　不同表面改性处理的合成外包料初始渗透系数

从图 8.10 可知，不同表面改性处理的合成外包料在结晶沉淀后渗透系数的下降幅度均随着初始溶液浓度的增加而增加。在初始溶液浓度为 0.005 mol/L 时，与 P-k 的渗透系数下降幅度相比，P-g-x40、P-M240 与 P-M720 的渗透系数下降幅度较大，P-g-F40 与 P-g-F60 的渗透系数下降幅度较小，见图 8.10（a），但因为渗透系数下降幅度较小，此时各处理的渗透系数无显著差异，如图 8.10（d）所示；在初始溶液浓度为 0.010 mol/L 时，与 P-k 的渗透系数下降幅度相比，P-g-x40、P-M240 与 P-g-F40 的渗透系数下降幅度基本一致，P-M720 与 P-g-F60 的渗透系数下降幅度较小，见图 8.10（b），基于合成外包料的初始渗透系数可得此时 P-g-x40 与 P-M720 的渗透系数基本一致，P-M240、P-k、P-g-F40 与 P-g-F60 的渗透系数基本一致，且前者大于后者，如图 8.10（e）所示；在初始溶液浓度为 0.020 mol/L 时，随着合成外包料疏水性的增加，其渗透系数的下降幅度整体上呈下降趋势，但 P-M720、P-M240、P-k 与 P-g-F40 的下降幅度基本一致，P-g-x40 的下降幅度最大，P-g-F60 的下降幅度最小，见图 8.10（c），不同处理的渗透系数随着疏水性的增加而增加，但此时 P-k、P-g-F40 与 P-g-F60 的渗透系数无显著差异，见图 8.10（f）。由此可见，表面改性对合成外包料化学淤堵的防控作用会随着结晶沉淀物质的增多而减弱，这是因为溶液浓度较高时，合成外包料表面被完全覆盖，结晶晶体颗粒会在初始形成的 $CaCO_3$ 晶体层的顶部继续生长（Cheong et al.，2013），抑制了合成外包料表面改性效果的发挥。

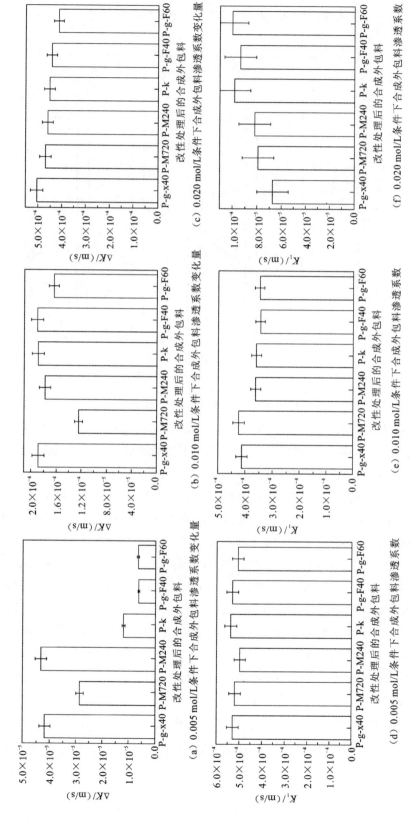

图 8.10　不同表面改性处理的合成外包料结晶沉淀后渗透系数变化量及渗透系数

8.4　合成外包料表面改性对化学淤堵防控效果的预测

已有研究表明,基底材料的分子特征直接影响盐分离子在其表面的结晶和析出能力。通过对纤维材料分子特性的改变,可以降低盐分离子与材料的结合能力,进而减缓或防止盐分离子在其表面的结晶沉淀。假设通过材料改性将盐分离子结晶沉淀的速率降低为原来的 75%、50%、25% 和 10%,以饱和指数 1.53 为新疆地区化学淤堵风险预测的水质参数区间上限,水力梯度为 1,排水时长为 15 天,则不同材料特性下新疆农田排水暗管合成外包料化学淤堵过程如图 8.11 所示。

从图 8.11 中可知,当合成外包料表面结晶沉淀速率降低至原来的 75%、50%、25% 和 10% 时,暗管排水系统渗透系数下降至初始渗透系数的 50% 所需的时间分别为 215.39 天、323.1 天、646.2 天和 1 615.53 天,下降至初始渗透系数的 10% 所需的时间分别为 253.13 天、379.65 天、759.33 天和 1 898.26 天。假设每年排水时长为 15 天,排水水力梯度为 1,排水过程中溶液浓度与离子组成不变,排水系统渗透系数下降至初始渗透系数 50% 的时间分别为 14.36 年、21.54 年、43.08 年和 107.70 年,下降至初始渗透系数 10% 的时间分别为 16.88 年、25.31 年、50.62 年和 126.55 年;可见通过改变材料的表面性质降低其表面结晶沉淀速率是防止外包料化学淤堵的有效措施。纤维表面进行材料改性相对于改变纤维直径来说,不用考虑重新设计纤维结构来满足合成外包料防止物理淤堵的需求,但实现工艺更为复杂,甚至需要采用新材料。

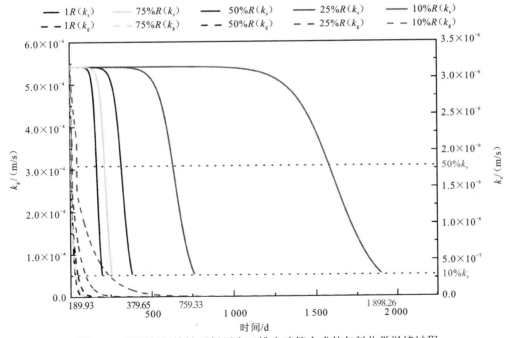

图 8.11　不同材料特性下新疆农田排水暗管合成外包料化学淤堵过程

R 为原始合成外包料在现状条件下纤维表面的结晶沉淀速率,k_s 为排水系统渗透系数

扫一扫,见彩图

8.5　合成外包料结构优化对化学淤堵防控效果的预测

为了减缓或防止化学淤堵降低合成外包料的渗透系数，进而降低排水排盐效率，需要对合成外包料的结构优化和材料改性途径进行探究。合成外包料的孔隙特征是合成外包料重要的物理特性，其直接影响合成外包料的过滤性能。然而，从图 4.14 可知，当合成外包料结晶沉淀量为 110.62 g/m^2 时，合成外包料开孔孔隙面积减小至 0，此后合成外包料渗透系数的下降主要由外部结垢生长导致。从图 8.12 可知，当合成外包料结晶沉淀量为 110.62 g/m^2 时，渗透系数为 $3.68×10^{-4}$ m/s，整个排水系统的渗透系数仍然为 $3.16×10^{-6}$ m/s。由此可见，在保持合成外包料渗透系数不变的情况下，通过改变合成外包料的孔隙分布来改善化学淤堵对排水系统的影响是没有物理基础的。

通过敏感性分析可知，当不考虑溶液条件时，合成外包料化学淤堵与渗透系数协同演变模型参数 T_g、μ_g、N_{dt} 和 a 的敏感性随着结晶沉淀的进行逐渐减小，参数 d_f 的敏感性随着结晶沉淀的进行逐渐增加。合成外包料化学淤堵过程对农田排水产生影响的主要阶段为合成外包料结晶沉淀过程的末期。因此，将纤维直径 d_f 作为合成外包料物理结构优化的关键参数。

在合成外包料纤维之间组合结构不变的情况下，面密度不变，增加纤维直径 d_f，纤维的线密度增加，则单位体积内纤维长度将减小，纤维表面积减小，此时将得到纤维更粗、更稀疏的合成外包料。反之，将得到纤维更细、更密的合成外包料。合成外包料渗透系数与纤维直径的关系如图 8.12 所示。因此，选用纤维直径 $0.5d_f$、d_f、$2d_f$ 和 $4d_f$，计算得到不同纤维直径下合成外包料的结构参数（表 8.2），以饱和指数 1.53 为新疆地区化学淤堵风险预测的水质参数区间上限，水力梯度为 1，排水时长为 15 天，模拟得到不同纤维直径下合成外包料化学淤堵过程（图 8.12）。

从表 8.2 可知，面密度和空间结构相同的合成外包料，当纤维直径逐渐增加时，外包料厚度、线密度、渗透系数、临界渗透系数和临界沉淀量均不断增加，当纤维直径从 $0.5d_f$ 增加至 $4d_f$ 时，排水系统渗透系数下降至 50% 的时间分别为 37.20 天、161.57 天、659.30 天和 2 539.63 天，排水系统渗透系数下降至 10% 的时间分别为 44.24 天、189.83 天、772.04 天和 2 990.13 天。假设每年排水时长为 15 天，排水水力梯度为 1，排水过程中溶液浓度与离子组成不变，当纤维直径为 $2d_f$ 时，排水系统渗透系数下降 50% 和 10% 的时间分别为 43.95 年和 51.47 年，能满足当前排水暗管 30 年设计年限。当然，合成外包料纤维直径的增加会减少单位体积内纤维的长度，粗纤维的稀疏结构会减弱对周围土壤颗粒的保持能力，此时，应该合理设计外包料纤维的空间结构，使其同时具备对物理淤堵的防控能力。

从图 8.12 可知，k_g 随着化学淤堵过程先缓慢下降至外部结晶沉淀阶段，再垂直向下跃迁，然后快速下降；而 k_s 先保持不变，在合成外包料渗透系数下降时再快速下降。由此可见，合成外包料的化学淤堵对农田排水排盐过程在结晶沉淀前期的影响较小。

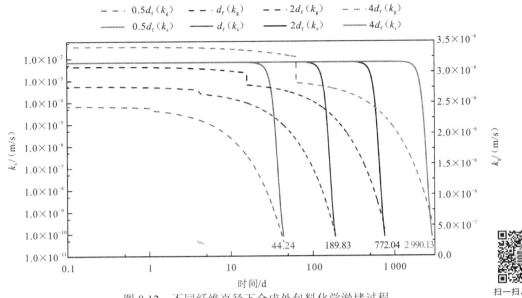

图 8.12　不同纤维直径下合成外包料化学淤堵过程

表 8.2　不同纤维直径下合成外包料的材料特性及化学淤堵时间预测值

纤维直径 d_f/m	外包料厚度 T_g/m	线密度 N_{dt}/dtex	渗透系数 k_g/(m/s)	临界沉淀量 /(g/m²)	临界渗透系数 k_{gc}/(m/s)	排水系统50% 淤堵时间/d	排水系统10% 淤堵时间/d
2.50×10^{-5}	1.26×10^{-4}	4.47×10^{0}	6.86×10^{-5}	5.52×10	6.49×10^{-5}	3.72×10	4.42×10
5.00×10^{-5}	2.52×10^{-4}	1.79×10	5.49×10^{-4}	1.11×10^{2}	3.78×10^{-4}	1.62×10^{2}	1.90×10^{2}
1.00×10^{-4}	5.04×10^{-4}	7.15×10	4.39×10^{-3}	2.22×10^{2}	9.50×10^{-4}	6.59×10^{2}	7.72×10^{2}
2.00×10^{-4}	1.01×10^{-3}	2.86×10^{2}	3.51×10^{-2}	4.42×10^{2}	1.17×10^{-3}	2.54×10^{3}	2.99×10^{3}

注: d_f 为原始合成外包料的纤维直径。

8.6　本章小结

　　本章通过流动条件下不同亲疏水性合成外包料的结晶沉淀试验,集中探究了聚丙烯合成外包料表面的亲疏水改性对结晶沉淀过程及渗透系数协同演变过程的影响。首先通过对聚丙烯合成外包料进行接枝改性得到不同亲疏水性的材料;然后进行流动条件下的可视化结晶沉淀试验,对比分析了不同亲疏水性合成外包料结晶沉淀对渗透系数的影响;同时,分析预测了合成外包料纤维结构优化对化学淤堵的防控作用。本章的主要结论如下。

　　(1)通过接枝甲基丙烯酰胺或高锰酸钾氧化处理在合成外包料表面引入羰基 C=O、N—H、羟基(—OH)等亲水基团使得合成外包料的接触角降低至 0°;通过接枝甲基丙烯酸十二氟庚酯在合成外包料表面引入碳氟键基团使得合成外包料的接触角增加至141.1°。

（2）P-g-x40 合成外包料表面较 P-g-F60 在结晶沉淀过程中的气泡数量更少，结晶沉淀物质均匀覆盖在合成外包料表面，沉淀量也有显著增加，但合成外包料的亲水性不是唯一决定因素。

（3）疏水改性的合成外包料（P-g-F60）防控化学淤堵的效果最好，但合成外包料化学淤堵的防控作用会随着结晶沉淀物质的增多而减弱。

参 考 文 献

阿依努尔·提力瓦力迪, 2013. 博尔塔拉河流域土壤盐分空间变异性及其影响因素研究[D]. 乌鲁木齐: 新疆大学.

艾力哈木·艾克拉木, 周金龙, 张杰, 等, 2021. 伊犁河谷西北部地下水化学特征及成因分析[J]. 干旱区研究, 38(2): 504-512.

鲍士旦, 2000. 土壤农化分析[M]. 3版. 北京: 中国农业出版社.

鲍子云, 仝炳伟, 张占明, 2007. 宁夏引黄灌区暗管排水工程外包料应用效果分析[J]. 灌溉排水学报, 26(5): 47-50.

贝尔, 1983. 多孔介质流体动力学[M]. 李竞生, 陈崇希, 译. 北京: 中国建筑工业出版社.

程兴奇, 刘福臣, 成英昌, 2009. 国内外土工合成材料反滤准则对比分析[J]. 水运工程(3): 36-40.

丁昆仑, 1988. 用于暗管排水的合成外包料[J]. 灌溉排水(4): 52-54.

丁昆仑, 1990. 排水暗管外包料的新探讨[J]. 灌溉排水(3): 56-59.

丁昆仑, 余玲, 瞿兴业, 1994. 合成外包料用于排水暗管的试验研究[J]. 水利水电技术(3): 58-62.

丁昆仑, 余玲, 董锋, 等, 2000. 宁夏银北排水项目暗管排水外包滤料试验研究[J]. 灌溉排水(3): 8-11.

丁启振, 周金龙, 曾妍妍, 等, 2021. 基于多元统计方法的新疆巴里坤盆地地下水水化学特征及其影响因素分析[J]. 水资源与水工程学报, 32(5): 78-83, 91.

窦旭, 史海滨, 李瑞平, 等, 2020. 暗管排水控盐对盐渍化灌区土壤盐分淋洗有效性评价[J]. 灌溉排水学报, 39(8): 102-110.

范薇, 2020. 塔里木盆地南缘高氟高砷地下水形成机理与处理技术研究[D]. 乌鲁木齐: 新疆农业大学.

高长远, 2001. 明沟排水与竖井排灌[J]. 地下水, 23(4): 194-197.

顾国安, 1984. 新疆盐渍化土壤的形成及其防治[J]. 新疆地理, 7(4): 1-16.

郭珈玮, 周慧, 史海滨, 等, 2003. 基于 HYDRUS-2D 盐荒地干排盐作用模拟研究[J]. 灌溉排水学报, 42(S1): 206-212.

何维, 杨华, 2013. 模型参数全局敏感性分析的 EFAST 方法[J]. 遥感技术与应用, 28(5): 836-843.

衡通, 2018. 暗管排水对滴灌农田水盐分布的影响研究[D]. 石河子: 石河子大学.

衡通, 王振华, 李文昊, 等, 2018. 滴灌条件下排水暗管埋深及管径对土壤盐分的影响[J]. 土壤学报, 55(1): 111-121.

衡通, 王振华, 张金珠, 等, 2019. 新疆农田排水技术治理盐碱地的发展概况[J]. 中国农业科技导报, 21(3): 161-169.

纪媛媛, 周金龙, 孙英, 等, 2021. 新疆昌吉市平原区地下水化学特征及质量评价[J]. 南水北调与水利科技(中英文), 19(3): 551-560.

姜树海, 范子武, 2008. 可靠性分析方法在反滤层设计中的运用[J]. 水利学报, 39(3): 301-306.

孔丽丽, 陈守义, 1999. 武山尾矿坝无纺土工织物滤层化学淤堵问题初探[J]. 岩土工程学报, 21(4): 444-449.

雷米, 周金龙, 张杰, 等, 2022. 新疆博尔塔拉河流域平原区地表水与地下水水化学特征及转化关系[J]. 环境科学, 43(4): 1873-1884.

李富强, 王钊, 陈轮, 2006. 土工织物透排水特性研究[J]. 人民长江, 37(6): 51-54.

李荣长, 李雪梅, 1995. 土工织物滤层设计准则综述[J]. 山东水利专科学校学报, 7(1): 38-42.

李山, 2017. 灌区控制排水条件下水盐调控及农田湿地盐分动态研究[D]. 西安: 西安理工大学.

李识博, 2014. 高原水库坝基松散介质渗透—淤堵试验及机理研究[D]. 长春: 吉林大学.

李伟, 赵坚, 沈振中, 等, 2013. 模拟土工织物反滤作用的颗粒流分析方法[J]. 水电能源科学, 31(4): 106-110.

李显澂, 左强, 石建初, 等. 2016. 新疆膜下滴灌棉田暗管排盐的数值模拟与分析 I: 模型与参数验证[J]. 水利学报, 47(4): 537-544.

李小东, 张凤华, 朱煜, 2016. 新疆南疆典型地区农业灌溉水质与土壤盐渍化关系的研究[J]. 新疆农业科学, 53(7): 1260-1267.

李艳, 黄春林, 卢玲, 2014. 基于 EFAST 方法的 SEBS 模型参数全局敏感性分析[J]. 遥感技术与应用, 29(5): 719-726.

梁干华, 1982. 纤维滤料在螺旋形波纹塑料排水管的防沙透水性能[J]. 八一农学院学报(4): 71-72.

梁干华, 1985. 盐碱地农田暗管排水应用纤维滤料的研究[J]. 八一农学院学报(3): 79-84.

梁干华, 陈祖森, 1984. 波纹塑料排水管外缠纤维滤料的耐盐性[J]. 农田水利与小水电(1): 33-37.

梁干华, 陈祖森, 1986. 波纹塑料排水管纤维滤料的透水防沙性能[J]. 八一农学院学报(2): 65-68.

梁干华, 陈祖森, 1987. 暗管排水有机滤料耐腐性能的研究[J]. 八一农学院学报(1): 27-35.

梁干华, 陈祖森, 1990. 农田暗排管道有机外包层对排水的影响及其耐腐性能[J]. 农田水利与小水电 (5): 12-15.

梁涛, 2006. 新疆农田灌溉排水水质调查和其处理方法探讨[D]. 乌鲁木齐: 新疆大学.

林起, 1989. 利用塑料波纹暗管排水[J]. 新疆农业科学(5): 17-18.

刘才良, 1997. 排水暗管化学淤堵及其防治[J]. 水利水电科技进展, 17(1): 49-51, 58

刘杰, 谢定松, 2017. 反滤层设计原理与准则[J]. 岩土工程学报, 39(4): 609-616.

刘丽芳, 2002. 防淤堵滤层新材料的开发与性能研究[D]. 上海: 东华大学.

刘丽芳, 王卫章, 储才元, 等, 2003. 非织造土工布孔径分布与渗透性能关系的研究[J]. 产业用纺织品 (3): 17-20.

刘文龙, 罗纨, 贾忠华, 等, 2013. 黄河三角洲暗管排水土工布外包滤料的试验研究[J]. 农业工程学报,

29(18): 109-116.

刘瑜, 陈伟, 宋永臣, 等, 2011. 含甲烷水合物沉积层渗透率特性实验与理论研究[J]. 大连理工大学学报, 51(6): 793-797.

刘子义, 1992. 新疆内陆盐碱地暗管排水试区建设经验及效益分析[J]. 灌溉排水(2): 32-34.

罗亦琦, 2019. 土石混合体渗流特性的分形研究[D]. 重庆: 重庆大学.

闵凡路, 吕焕杰, 宋帮红, 等, 2020. 砂地层孔径分析及其对泥浆在地层中渗透性的影响[J]. 中国公路学报, 33(3): 144-151.

农二师孔雀一场土壤改良试验站, 1962. 暗沟排水洗盐试验报告[J]. 新疆农业科学(8): 323-324.

钱颖志, 朱焱, 伍靖伟, 等, 2019. 考虑排盐和控盐的干旱区暗管布局参数研究[J]. 农业工程学报, 35(13): 74-83.

曲鹏飞, 2015. 喀什经济开发区地下水资源评价和可持续利用[D]. 西安: 长安大学.

人民日报评论员, 2021. 牢牢把住粮食安全主动权: 论学习贯彻中央农村工作会议精神[N]. 人民日报, 2021-01-02(1).

任启伟, 陈洋波, 舒晓娟, 2010. 基于 Extend FAST 方法的新安江模型参数全局敏感性分析[J]. 中山大学学报(自然科学版), 49(3): 127-134.

史良, 2011. 砂砾石反滤料级配设计研究[J]. 地下水, 33(3): 97-98.

孙胜利, 李治明, 王新奇, 2000. 砂砾石反滤料级配的实用设计方法[C]//中国水利学会岩土力学专业委员会, 水利水电土石坝工程信息网. 土石坝与岩土力学: 技术研讨会论文集. 北京: 地震出版社.

王鹤亭, 1963. 新疆的水利土壤改良工作及对防治盐碱化的几个问题的探讨[J]. 中国水利(2): 11-16.

王红太, 2021. 喀什噶尔河流域平原区地下水水质特征及其形成机理研究[D]. 乌鲁木齐: 新疆农业大学.

王少丽, 王修贵, 丁昆仑, 等, 2008. 中国的农田排水技术进展与研究展望[J]. 灌溉排水学报, 27(1): 108-111.

王振华, 郑旭荣, 杨培岭, 2015. 长期膜下滴灌棉田盐分演变规律研究[M]. 北京: 中国农业科学技术出版社.

王振华, 衡通, 李文昊, 等, 2017. 滴灌条件下排水暗管间距对土壤盐分淋洗的影响[J]. 农业机械学报, 48(8): 253-261.

吴锦, 余福水, 陈仲新, 等, 2009. 基于 EPIC 模型的冬小麦生长模拟参数全局敏感性分析[J]. 农业工程学报, 25(7): 136-142.

武君, 2008. 尾矿坝化学淤堵机理与过程模拟研究[D]. 上海: 上海交通大学.

夏璐, 郑西来, 段玉环, 等, 2014a. 砂柱微生物堵塞过程及机理分析[J]. 水利学报, 45(6): 749-755.

夏璐, 郑西来, 彭涛, 等, 2014b. 含水介质中胞外聚合物的影响因素研究[J]. 环境科学学报, 34(5): 1199-1205.

徐力波, 1995. 土工织物反滤设计准则的对比分析[J]. 华北水利水电学院学报, 16(3): 13-19, 42.

杨劲松, 2005. 我国盐渍土资源利用与管理研究的回顾与展望[C]//中国土壤学会. 中国土壤科学的现状与展望. 南京: 江苏科学技术出版社.

杨劲松, 2008. 中国盐渍土研究的发展历程与展望[J]. 土壤学报, 45(5): 837-845.

杨劲松, 姚荣江, 2015. 我国盐碱地的治理与农业高效利用[J]. 中国科学院院刊, 30(增刊): 257-265.

杨鹏, 丁国梁, 王振山, 等, 2022. 新疆莎车县地下水化学特征及形成机制[J]. 地下水, 44(5): 42-46.

于宝勒, 2021. 盐碱地修复利用措施研究进展[J]. 中国农学通报, 37(7): 81-87.

曾小仙, 2022. 新疆喀什噶尔河流域高硫酸盐地下水形成机理研究[D]. 乌鲁木齐: 新疆农业大学.

曾妍妍, 周金龙, 李巧, 等, 2015. 新疆若羌-且末地区地下水质量与污染评价[J]. 新疆农业大学学报 38(1): 72-78.

张杰, 2021. 叶尔羌河流域平原区地下水水质演化及其形成机理研究[D]. 乌鲁木齐: 新疆农业大学.

张雪辰, 陈诚, 张密密, 等, 2017. 不同改良措施下盐渍土壤的改良效果[J]. 灌溉排水学报, 36(S1): 61-65.

张钟莉莉, 2016. 微咸水滴灌系统灌水器化学堵塞机理及控制方法研究[D]. 北京: 中国农业大学.

赵枫, 2011. 新疆阿其克苏河沿岸地下水水质与主要离子关系研究[J]. 干旱区资源与环境, 25(11): 161-164.

赵昕, 张晓元, 赵明登, 等, 2009. 水力学[M]. 北京: 中国电力出版社.

郑康, 李勇, 马丽静, 等, 2004. 纳米材料改性聚丙烯土工材料的研究[C]//中国水力发电工程学会. 全国第六届土工合成材料学术会议论文集. 香港: 现代知识出版社: 200-207.

仲晓晴, 2013. 多孔介质中微生物淤堵与渗流关系试验研究[D]. 上海: 上海交通大学.

周金龙, 2010. 新疆地下水研究[M]. 郑州: 黄河水利出版社.

周蓉, 刘逸新, 2001. 土工织物淤堵程度的量化方法探讨[J]. 纺织学报, 22(2): 54-56.

朱江颖, 2018. 土工织物滤层淤堵及其防治方法试验研究[D]. 广州: 华南理工大学.

朱世丹, 2020. 艾比湖流域水质时空变化特征及驱动机制[D]. 乌鲁木齐: 新疆大学.

AAGAARD P, HELGESON H C, 1982. Thermodynamic and kinetic constraints on reaction rates among minerals and aqueous solutions; I, theoretical considerations[J]. American journal of science, 282(3): 237-285.

ABBASI B, TA H X, MUHUNTHAN B, et al., 2018. Modeling of permeability reduction in bioclogged porous sediments[J]. Journal of geotechnical and geoenvironmental engineering, 144(4): 04018016.

ALIZADEH A H, AKBARABADI M, BARSOTTI E, et al., 2018. Salt precipitation in ultratight porous media and its impact on pore connectivity and hydraulic conductivity[J]. Water resources research, 54(4): 2768-2780.

ASTM , 2018. Standard test method for measuring mass per unit area of geotextiles : ASTM D5261-10(2018) [S]. New York: ASTM.

ASTM, 2019. Standard test methods for pore size characteristics of membrane filters by bubble point and mean flow pore test: ASTM F316-03(2019)[S]. New York: ASTM.

ASTM, 2022. Standard test methods for water permeability of geotextiles by permittivity: ASTM D4491/D4491M-22[S]. New York: ASTM.

AYDILEK A H, OGUZ S H, EDIL T B, 2002. Digital image analysis to determine pore opening size distribution of nonwoven geotextiles[J]. Journal of computing in civil engineering, 16(4): 280-290.

AZIMI G, CUI Y H, SABANSKA A, et al., 2014. Scale-resistant surfaces: Fundamental studies of the effect of surface energy on reducing scale formation[J]. Applied surface science, 313: 591-599.

BARGIR S, DUNN S, JEFFERSON B, et al., 2009. The use of contact angle measurements to estimate the adhesion propensity of calcium carbonate to solid substrates in water[J]. Applied surface science, 255(9): 4873-4879.

BHATIA S K, SMITH J L, CHRISTOPHER B R, 1994. Interrelationship between pore openings of geotextiles and methods of evaluation[C]//Proceedings of the Fifth International Conference on Geotextiles, Geomembranes, and Related Products. Easley: International Geosynthetics Society: 705-710.

BLUM A E, LASAGA A C, 1987. Monte Carlo simulations of surface reaction rate laws[M]//STUMM W. Aquatic surface chemistry: Chemical processes at the particle-water interface. New York: John Wiley and Sons: 255-292.

BOUWER H, 2010. Simple derivation of the retardation equation and application to preferential flow and macrodispersion[J]. Groundwater, 29(1): 41-46.

BRANZOI F, BRANZOI V, LICU C, 2014. Corrosion inhibition of carbon steel in cooling water systems by new organic polymers as green inhibitors[J]. Materials and corrosion, 65(6): 637-647.

CAMPBELL P, SRINIVASAN R, KNOELL T, et al., 1999. Quantitative structure-activity relationship(QSAR) analysis of surfactants influencing attachment of a Mycobacterium sp. to cellulose acetate and aromatic polyamide reverse osmosis membranes[J]. Biotechnology and bioengineering, 64(5): 527-544.

CARMAN P C, 1956. Flow of gases through porous media[M]. London: Butterworths Scientific Publications.

CARMAN P C, 1997. Fluid flow through granular beds[J]. Chemical engineering research and design, 75(1): 32-45.

CHEN L, TIAN Y, CAO C Q, et al., 2012. Interaction energy evaluation of soluble microbial products(SMP) on different membrane surfaces: Role of the reconstructed membrane topology[J]. Water research, 46(8): 2693-2704.

CHEN J R, SHEN L G, ZHANG M J, et al., 2016. Thermodynamic analysis of effects of contact angle on interfacial interactions and its implications for membrane fouling control[J]. Bioresource technology, 201: 245-252.

CHEN X J, YAO G Q, 2017. An improved model for permeability estimation in low permeable porous media based on fractal geometry and modified Hagen-Poiseuille flow[J]. Fuel, 210: 748-757.

CHEONG W C, GASKELL P H, NEVILLE A, 2013. Substrate effect on surface adhesion/crystallisation of calcium carbonate[J]. Journal of crystal growth, 363: 7-21.

CHO Y I, FAN C, CHOI B G, 1998. Use of electronic anti-fouling technology with filtration to prevent fouling in a heat exchanger[J]. International journal of heat and mass transfer, 41(19): 2961-2966.

CHRISTOPHER B R, FISCHER G R, 1992. Geotextile filtration principles, practices and problems[J]. Geotextiles and geomembranes, 11(41516): 337-353.

CLOTHIER B E, VOGELER I, GREEN S R, et al., 1998. Transport in unsaturated soil: Aggregates, macropores, and exchange[M]//SELIM H M, MA L. Physical nonequilibrium in soils: Modeling and application. Boca Raton: CRC Press: 273-295.

COOKE A J, ROWE R K, 2008a. 2D modelling of clogging in landfill leachate collection systems[J]. Canadian geotechnical journal, 45(10): 1393-1409.

COOKE A J, ROWE R K, 2008b. Modelling landfill leachate-induced clogging of field-scale test cells(mesocosms)[J]. Canadian geotechnical journal, 45(11): 1497-1513.

COOKE A J, ROWE R K, RITTMANN B E, et al., 1999. Modeling biochemically driven mineral precipitation in anaerobic biofilms[J]. Water science and technology, 39(7): 57-64.

CORREIA L G C S, EHRLICH M, MENDONCA M B, 2017. The effect of submersion in the ochre formation in geotextile filters[J]. Geotextiles and geomembranes, 45(1): 1-7.

CUKIER I R, LEVINE H B, SHULER K E, 1978. Nonlinear sensitivity analysis of multiparameter model systems[J]. Journal of computational physics, 26(1): 1-42.

DANG L, NAI X Y, DONG Y P, et al., 2017a. Functional group effect on flame retardancy, thermal, and mechanical properties of organophosphorus-based magnesium oxysulfate whiskers as a flame retardant in polypropylene[J]. RSC advances, 7(35): 21655-21665.

DANG L, NAI X Y, LIU X, et al., 2017b. Effects of different compatibilizing agents on the interfacial adhesion properties of polypropylene/magnesium oxysulfate whisker composites[J]. Chinese journal of polymer science, 35(9): 1143-1155.

DENNIS C W, 1982. Field drainage: A specification for permeable backfill[J]. Joural of agricultural engineering research, 27(6): 529-535.

DEUTSCH W J, 1997. Groundwater geochemistry: Fundamentals and applications to contamination[M]. Boca Raton: CRC Press.

DIELEMAN P J, TRAFFORD B D, 1976. Drainage testing[M]. Rome: Food and Agriculture Organization of the United Nations.

DIERICKX W, 1980. Electrolytic analogue study of the effect of openings and surrounds of various permeabilities on the performance of field drainage pipes[D]. Wageningen: Wageningen University & Research.

DIERICKX W, 1987. Choice of subsurface drainage materials[C]. Winter meeting of the ASAE. ASAE paper.

DIERICKX W, 1993. Research and developments in selecting subsurface drainage materials[J]. Irrigation and drainage systems, 6(4): 291-310.

DRUMMOND J E, TAHIR M I, 1984. Laminar viscous flow through regular arrays of parallel solid cylinders[J]. International journal of multiphase flow, 10(5): 515-540.

ESILVA R A, NEGRI R G, DE MATTOS VIDAL D, 2019. A new image-based technique for measuring pore size distribution of nonwoven geotextiles[J]. Geosynthetics international, 26(3): 261-272.

ESCOBAR A M, LLORCA-ISERN N, 2014. Superhydrophobic coating deposited directly on aluminum[J]. Applied surface science, 305: 774-782.

FABBRI P, MESSORI M, 2017. Surface modification of polymers: chemical, physical, and biological routes[M]// Modification of polymer properties. Norwich: William Andrew Publishing: 109-130.

FAURE Y H, BAUDOIN A, PIERSON P, et al., 2006. A contribution for predicting geotextile clogging during filtration of suspended solids[J]. Geotextiles and geomembranes, 24(1): 11-20.

FAURE Y H, FARKOUH B, DELMAS P, et al., 1999. Analysis of geotextile filter behaviour after 21 years in Valcros dam[J]. Geotextiles and geomembranes, 17(5/6): 353-370.

FEIN J B, WALTHER J V, 1989. Calcite solubility and speciation in supercritical NaCl-HCl aqueous fluids[J]. Contributions to mineralogy and petrology, 103(3): 317-324.

FENG X H, KIRCHNER J W, NEAL C, 2004. Measuring catchment-scale chemical retardation using spectral analysis of reactive and passive chemical tracer time series[J]. Journal of hydrology, 292(1/2/3/4): 296-307.

FETTER C W, 1999. Contaminant hydrogeology[M]. Upper Saddle River: Prentice Hall .

FLEMING I R, ROWE R K, 2004. Laboratory studies of clogging of landfill leachate collection and drainage systems[J]. Canadian geotechnical journal, 41(1): 134-153.

FLEMING I R, BARONE F S, DEWAELE P, 2010. Case study: Clogging of a geotextile/geopipe system in a landfill drainage application[C]//9th International Conference on Geosynthetics. Rome: International Geosynthetics Society digital library: 1127-1130.

FORD H W, 1982. Estimating the potential for ochre clogging before installing drains[J]. Transactions of the ASAE, 25(6): 1597-1600.

GALLICHAND J, MARCOTTE D, 1993. Mapping clay content for subsurface drainage in the Nile Delta[J]. Geoderma, 58(3/4): 165-179.

GHEZZEHEI T A, 2012. Linking sub-pore scale heterogeneity of biological and geochemical deposits with changes in permeability[J]. Advances in water resources, 39: 1-6.

GOOD R J, 1992. Contact angle, wetting, and adhesion: A critical review[J]. Journal of adhesion science and technology, 6(12): 1269-1302.

GOPI S P, SUBRAMANIAN V K, 2012. Polymorphism in $CaCO_3$: Effect of temperature under the influence of EDTA(di sodium salt)[J]. Desalination, 297: 38-47.

GUO C Y, WU J W, ZHU Y, et al., 2020. Influence of clogging substances on pore characteristics and permeability of geotextile envelopes of subsurface drainage pipes in arid areas[J]. Geotextiles and geomembranes, 48(5): 735-746.

GUO C Y, YANG H Y, LIN Z B, et al., 2021. Effects of chemical precipitation on the permeability of geotextile envelopes for subsurface drainage systems in arid areas[J]. Geotextiles and geomembranes, 49(4): 941-951.

GUO C Y, ZHAO Q, WU J W, et al., 2022. Permeability prediction in geotextile envelope after chemical clogging: A coupled model[J]. Geotextiles and geomembranes, 50(6): 1172-1187.

HAJ-AMOR Z, BOURI S, 2019. Subsurface drainage system performance, soil salinization risk, and shallow groundwater dynamic under irrigation practice in an arid land[J]. Arabian journal for science and engineering, 44(1): 467-477.

HALSE Y, KOERNER R M, LORD A E, JR, 1987. Effect of high levels of alkalinity on geotextiles. Part 1: $Ca(OH)_2$ solutions[J]. Geotextiles and geomembranes, 5(4): 261-282.

HANSON B, GRATTAN S R, FULTON A, 2006. Agricultural salinity and drainage[M]. Berkeley: California University Press.

HASSANOGHLI A, PEDRAM S, 2015. Assessment of water salinity effect on physical clogging of synthetic drainage envelopes by permeability tests[J]. Irrigation and drainage, 64(1): 105-114.

HE X L, LIU H G, YE J W, et al., 2016. Comparative investigation on soil salinity leaching under subsurface drainage and ditch drainage in Xinjiang arid region[J]. International journal of agricultural and biological engineering, 9(6): 109-118.

HOLLAND N B, QIU Y, RUEGSEGGER M, et al., 1998. Biomimetic engineering of non-adhesive glycocalyx-like surfaces using oligosaccharide surfactant polymers[J]. Nature, 392(6678): 799-801.

HOLLMANN F S, THEWES M, 2013. Assessment method for clay clogging and disintegration of fines in mechanised tunnelling[J]. Tunnelling and underground space technology, 37: 96-106.

HOMMEL J, COLTMAN E, CLASS H, 2018. Porosity-permeability relations for evolving pore space: A review with a focus on(bio-)geochemically altered porous media[J]. Transport in porous media, 124(2): 589-629.

HOUBEN G J, 2004. Modeling the buildup of iron oxide encrustations in wells[J]. Groundwater, 42: 78-82.

IBERALL A S, 1950. Permeability of glass wool and other highly porous media[J]. Journal of research of the national bureau of standards, 45(5): 398-406.

JANG Y S, KIM B, LEE J W, 2015. Evaluation of discharge capacity of geosynthetic drains for potential use in tunnels[J]. Geotextiles and geomembranes, 43(3): 228-239.

KAMAL M S, HUSSEIN I, MAHMOUD M, et al., 2018. Oilfield scale formation and chemical removal: A review[J]. Journal of petroleum science and engineering, 171: 127-139.

KIEFFER B, JOVÉ C F, OELKERS E H, et al., 1999. An experimental study of the reactive surface area of the Fontainebleau sandstone as a function of porosity, permeability, and fluid flow rate[J]. Geochimica et cosmochimica acta, 63(21): 3525-3534.

KIM K H, PARK N H, KIM H J, et al., 2020. Modelling of hydraulic deterioration of geotextile filter in tunnel drainage system[J]. Geotextiles and geomembranes, 48(2): 210-219.

KOERNER R M, 1998. Designing with geosynthetics[M]. Upper saddle river: Prentice Hall.

KOMLOS J, CUNNINGHAM A B, CAMPER A K, et al., 2004. Biofilm barriers to contain and degrade dissolved trichloroethylene[J]. Environmental progress, 23(1): 69-77.

KOZENY J, 1927. Über Kapillare Letung des Wassers im Boden[J]. Sitzungsberichte der Akademie der Wissenschaften in Wien, 136(a): 271-306.

KRYSZTAFKIEWICZ A, RAGER B, JESIONOWSKI T, 1997. The effect of surface modification on physicochemical properties of precipitated silica[J]. Journal of materials science, 32(5): 1333-1339.

LANGELIER W F, 1946. Chemical equilibria in water treatment[J]. Journal of the American water works association, 38(2): 169-178.

LARROQUE F, FRANCESCHI M, 2011. Impact of chemical clogging on de-watering well productivity: Numerical assessment[J]. Environmental earth sciences, 64(1): 119-131.

LASAGA A C, 1981. Rate laws of chemical reactions[J]. Reviews in mineralogy and geochemistry, 8(1): 1-66.

LASK M, KWOK D M, NYBERG E D, et al., 2017. Anti-scale electrochemical apparatus with water-splitting ion exchange membrane: US-2016/94225-A1[P]. 2017-09-12.

LAWRENCE C A, SHEN X, 2000. An investigation into the hydraulic properties of needle-punched nonwovens for application in wet-press concrete casting part II: Predictive models for the water permeability of needle-punched nonwoven fabrics[J]. Journal of the textile institute, 91(1): 61-77.

LENNOZ-GRATIN C, 1987. The use of geotextiles as drain envelopes in France in connection with mineral clogging risks[J]. Geotextiles and geomembranes, 5(2): 71-89.

LENNOZ-GRATIN C, LESAFFRE B T, PENEL M, 1993. Diagnosis of mineral clogging hazards in subsurface drainage systems[J]. Irrigation and drainage systems, 6(4): 345-354.

LI H, YU S Y, HAN X X, et al., 2016. A stable hierarchical superhydrophobic coating on pipeline steel surface with self-cleaning, anticorrosion, and anti-scaling properties[J]. Colloids and surfaces a: Physicochemical and engineering aspects, 503: 43-52.

LICHTNER P C, 1988. The guasi-statianary state approximation to coupled mass transport and fluid-rock interaction in a porous medium[J]. Geochimica et cosmochimica acta, 52(1): 143-165.

LIFSHITZ I M, SLYOZOV V V, 1961. The kinetics of precipitation from supersaturated solid solutions[J]. Journal of physics and chemistry of solids, 19(112): 35-50.

LIN Y P, SINGER P C, 2005. Effects of seed material and solution composition on calcite precipitation[J]. Geochimica et cosmochimica acta, 69(18): 4495-4504.

LINDQUIST W B, VENKATARANGAN A, DUNSMUIR J, et al., 2000. Pore and throat size distributions measured from synchrotron X-ray tomographic images of Fontainebleau sandstones[J]. Journal of geophysical research: Solid earth, 105(B9): 21509-21527.

LU X J, WANG Y P, ZIEHN T, et al., 2013. An efficient method for global parameter sensitivity analysis and its applications to the Australian community land surface model(CABLE)[J]. Agricultural and forest meteorology, 182-183: 292-303.

LUETTICH S M, GIROUD J P, BACHUS R C. , 1992. Geotextile filter design guide[J]. Geotextiles and geomembranes, 11(4/5/6): 355-370.

MAHDI G, HASAN R, SOHRABI T, 2009. Evaluation of potential calcium carbonate precipitation in agricultural tile drains[J]. Iranian journal of irrigation and drainage, 1(3): 1-12.

MAO N, RUSSELL S J, 2000a. Directional permeability in homogeneous nonwoven structures part II: Permeability in idealised structures[J]. Journal of the textile institute, 91(2): 244-258.

MAO N, RUSSELL S J, 2000b. Directional permeability in homogeneous nonwoven structures part I: The relationship between directional permeability and fibre orientation[J]. Journal of the textile institute, 91(2): 235-243.

MASOUNAVE J, ROLLIN A L, DENIS R, 1981. Prediction of permeability of non-woven geotextiles from morphometry analysis[J]. Journal of microscopy, 121(1): 99-110.

MASSOM R A, DRINKWATER M R, HAAS C, 1997. Winter snow cover on sea ice in the Weddell Sea[J]. Journal of geophysical research atmospheres, 102(1): 1101-1117.

MCISAAC R, ROWE R K, 2006. Effect of filter–separators on the clogging of leachate collection systems[J]. Canadian geotechnical journal, 43(7): 674-693.

MENDONCA M , EHRLICH M, 2006. Column test studies of ochre biofilm formation in geotextile filters[J]. Journal of geotechnical and geoenvironmental engineering, 132(10): 1284-1292.

MENDONCA M, EHRLICH M, CAMMAROTA M C, 2003. Conditioning factors of iron ochre biofilm formation on geotextile filters[J]. Canadian geotechnical journal, 40(6): 1225-1234.

MILLER B, TYOMKIN I, 1986. An extended range liquid extrusion method for determining pore size distributions[J]. Textile research journal, 56(1): 35-40.

MORRIS M D, 1991. Factorial sampling plans for preliminary computational experiments[J]. Technometrics, 33(2): 161-174.

MUALEM Y, 1976. A new model for predicting the hydraulic conductivity of unsaturated porous media[J]. Water resources research, 12(3): 513-522.

MÜLLER-STEINHAGEN H, MALAYERI M R, WATKINSON A P, 2011. Heat exchanger fouling: Mitigation and cleaning strategies[J]. Heat transfer engineering, 32(3/4): 189-196.

MURYANTO S, BAYUSENO A P, MA'MUN H, et al., 2014. Calcium carbonate scale formation in pipes: Effect of flow rates, temperature, and malic acid as additives on the mass and morphology of the scale[J]. Procedia chemistry, 9: 69-76.

NANCOLLAS G H, REDDY M M, 1971. The crystallization of calcium carbonate. II. Calcite growth mechanism[J]. Journal of colloid and interface science, 37(4): 824-830.

NEOH K G, LI M, KANG E T, et al., 2017. Surface modification strategies for combating catheter-related complications: Recent advances and challenges[J]. Journal of materials chemistry B, 5(11): 2045-2067.

NG E P, MINTOVA S, 2008. Nanoporous materials with enhanced hydrophilicity and high water sorption capacity[J]. Microporous and mesoporous materials, 114(1/2/3): 1-26.

NGUYEN T T, INDRARATNA B, 2019. Micro-CT scanning to examine soil clogging behaviour of natural fiber drains[J]. Journal of geotechnical and geoenvironmental engineering, 145(9): 04019037.

NI B X, ZHANG P, 2013. Research on the relationship between permeability and pore size characteristics of microporous nonwoven geotextile[J]. Advanced materials research, 753-755: 792-797.

NIA M G, RAHIMI H, SOHRABI T, et al., 2010. Potential risk of calcium carbonate precipitation in agricultural drain envelopes in arid and semi-arid areas[J]. Agricultural water management, 97(10): 1602-1608.

NIELSEN A E, 1984. Electrolyte crystal growth mechanisms[J]. Journal of crystal growth, 67(2): 289-310.

NIEUWENHUIS G J A, WESSELING J, 1979. Effect of performation and filter material on entrance resistance and effective diameter of plastic drain pipes[J]. Agricultural water management, 2(1): 1-9.

NIKOLOVA-KUSCU R, POWRIE W, SMALLMAN D J, 2013. Mechanisms of clogging in granular drainage systems permeated with low organic strength leachate[J]. Canadian geotechnical journal, 50(6): 632-649.

NISHIDA I, 2004. Precipitation of calcium carbonate by ultrasonic irradiation[J]. Ultrasonics sonochemistry, 11(6): 423-428.

NOIRIEL C, STEEFEL C I, YANG L, et al., 2012. Upscaling calcium carbonate precipitation rates from pore to continuum scale[J]. Chemical geology, 318-319: 60-74.

NOIRIEL C, STEEFEL C I, YANG L, et al., 2016. Effects of pore-scale precipitation on permeability and flow[J]. Advances in water resources, 95: 125-137.

OLBERTZ M H, PRESS H, 1965. Landwirtschaftlichen Wasserbau[Agricultural water management][J]. Taschenbuch der wasserwirtschaft. Wasser und boden: 447-555.

PALMEIRA E M, GARDONI M G, 2000. The influence of partial clogging and pressure on the behaviour of geotextiles in drainage systems[J]. Geosynthetics international, 7(4/5/6): 403-431.

PALMEIRA E M, GARDONI M G, 2002. Drainage and filtration properties of non-woven geotextiles under confinement using different experimental techniques[J]. Geotextiles and geomembranes, 20(2): 97-115.

PALMEIRA E M, REMIGIO A F N, RAMOS M L G, et al., 2008. A study on biological clogging of nonwoven geotextiles under leachate flow[J]. Geotextiles and geomembranes, 26(3): 205-219.

PALMEIRA E M, TREJOS GALVIS H L, 2017. Opening sizes and filtration behaviour of nonwoven geotextiles under confined and partial clogging conditions[J]. Geosynthetics international, 24(2): 125-138.

PARKHURST D L, APPELO C A J, 1999. User's guide to PHREEQC(version 2): A computer program for speciation, batch-reaction, one-dimensional transport, and inverse geochemical calculations[R]. Menlo Park: U. S. Geological Survey.

PAUKERT A N, MATTER J M, KELEMEN P B, et al., 2012. Reaction path modeling of enhanced in situ CO_2 mineralization for carbon sequestration in the peridotite of the Samail Ophiolite, Sultanate of Oman[J]. Chemical geology, 330: 86-100.

POPURI S R, HALL C, WANG C C, et al., 2014. Development of green/biodegradable polymers for water scaling applications[J]. International biodeterioration & biodegradation, 95(A): 225-231.

PRACHAYAWARAKORN J, WATTANA K, 2005. Effect of solvents on properties of Bombyx mori silk grafted by methyl methacrylate(MMA) and methacrylamide(MAA)[J]. Songklanakarin journal of science and technology, 27: 1233-1242.

QIAN H J, ZHU Y J, WANG H Y, et al., 2017. Preparation and antiscaling performance of superhydrophobic poly(phenylene sulfide)/polytetrafluoroethylene composite coating[J]. Industrial & engineering chemistry research, 56(44): 12663-12671.

QIAN H J, ZHU M L, SONG H, et al., 2020. Anti-scaling of superhydrophobic poly(vinylidene fluoride) composite coating: Tackling effect of carbon nanotubes[J]. Progress in organic coatings, 142: 105566.

QIAN Y Z, ZHU Y, YE M, et al., 2021. Experiment and numerical simulation for designing layout parameters of subsurface drainage pipes in arid agricultural areas[J]. Agricultural water management, 243: 106455.

QUDDUS A, AL-HADHRAMI L M, 2009. Hydrodynamically deposited $CaCO_3$ and $CaSO_4$ scales[J]. Desalination, 246(1/2/3): 526-533.

REN X W, ZHAO Y, DENG Q L, et al., 2016. A relation of hydraulic conductivity: Void ratio for soils based on Kozeny-Carman equation[J]. Engineering geology, 213: 89-97.

RITZEMA H P, 1994. Drainage principles and applications[M]. Wageningen: International Institude for Land Reclamation and Improvement.

RITZEMA H P, NIJLAND H J, CROON F W, 2006. Subsurface drainage practices: From manual installation to large-scale implementation[J]. Agricultural water management, 86(1/2): 60-71.

ROHDE J R, GRIBB M M, 1990. Biological and particulate clogging of geotextile/soil filter systems[M] // Geosynthetic testing for waste containment applications Pennsylvania: ASTM special technical publication, 1081: 299.

ROLLIN A, LOMBARD G, 1988. Mechanisms affecting long-term filtration behavior of geotextiles[J]. Geotextiles and geomembranes, 7(1/2): 119-145.

ROWE R K, 2005. Long-term performance of contaminant barrier systems[J]. Geotechnique, 55(9): 631-678.

RYZNAR J W, 1944. A new index for determining amount of calcium carbonate scale formed by a water[J]. Journal of the American water works association , 36: 472-483.

SALTELLI A, TARANTOLA S, CHAN P S, 1999. A quantitative model-independent method for global sensitivity analysis of model output[J]. Technometrics, 41(1): 39-56.

SANZENI A, COLLESELLI F, GRAZIOLI D, 2013. Specific surface and hydraulic conductivity of fine-grained soils[J]. Journal of geotechnical and geoenvironmental engineering, 139(10): 1828-1832.

SCHULZ R, RAY N, ZECH S, et al., 2019. Beyond Kozeny–Carman: Predicting the permeability in porous media[J]. Transport in porous media, 130(2): 487-512.

SEKI K, MIYAZAKI T, NAKANO M, 1996. Reduction of hydraulic conductivity due to microbial effects[J]. Transactions of the Japanese society of irrigation, drainage and reclamation engineering, 181: 137-144.

ŠIMŮNEK J, VAN GENUCHTEN M T, ŠLONEJNA M, 2022. The HYDRUS software package for simulating the one-, two-, and three-dimensional movement of water, heat, and multiple solutes in variably-saturated porous media[R]. Technical manual I. hydrus D, 1.

SMEDEMA L K, RYCROFT D W, 1983. Land drainage: Planning and design of agricultural drainage system[M]. New York: Cornell University Press.

SOBOL I M, 1993. Sensitivity estimates for nonlinear mathematical models[J]. Mathematical modeling and computational experiment, 1(1): 112-118.

SOUSA M F B, LOUREIRO H C, BERTRAN C A, 2020. Anti-scaling performance of slippery liquid-infused porous surface(SLIPS) produced onto electrochemically-textured 1020 carbon steel[J]. Surface and coatings technology, 382: 125160.

SPANOS N, KOUTSOUKOS P G, 1998. Kinetics of precipitation of calcium carbonate in alkaline pH at constant supersaturation. Spontaneous and seeded growth[J]. The journal of physical chemistry B, 102(34): 6679-6684.

STEINWINDER J, BECKINGHAM L E, 2019. Role of pore and pore-throat distributions in controlling permeability in heterogeneous mineral dissolution and precipitation scenarios[J]. Water resources research, 55(7): 5502-5517.

STIFF H A, JR, DAVIS L E, 1952. A method for predicting the tendency of oil field waters to deposit calcium carbonate[J]. Journal of petroleum technology, 4(9): 213-216.

STOCKMANN G J, WOLFF-BOENISCH D, GISLASON S R, et al., 2011. Do carbonate precipitates affect dissolution kinetics?1: Basaltic glass[J]. Chemical geology, 284(3/4): 306-316.

STOCKMANN G J, WOLFF-BOENISCH D, GISLASON S R, et al., 2013. Do carbonate precipitates affect dissolution kinetics? 2: Diopside[J]. Chemical geology, 337-338: 56-66.

STOCKMANN G J, WOLFF-BOENISCH D, BOVET N, et al., 2014. The role of silicate surfaces on calcite precipitation kinetics[J]. Geochimica et cosmochimica acta, 135: 231-250.

STUYT L C P M, 1992a. The water acceptance of wrapped subsurface drains[D]. Wageningen: Wageningen University & Research.

STUYT L C P M, 1992b. Mineral clogging of wrapped subsurface drains, installed in unstable soils: A field survey[C]//Proceedings 5th international drainage workshop. Lahore: International Waterlogging and Salinity Researth Institute: 3: 5.50-5.64.

STUYT L C P M, DIERICKX W, BELTRÁN J M, 2005. Materials for subsurface land drainage systems[R]. Rome: Food and Agriculture Organization of the United Nations .

TAN D S, ZHANG X Q, LI J H, et al., 2012. Modification of poly(ether urethane) with fluorinated phosphorylcholine polyurethane for improvement of the blood compatibility[J]. Journal of biomedical materials research part A, 100(2): 380-387.

TENG H H, DOVE P M, YOREO J J D, 2000. Kinetics of calcite growth: Surface processes and relationships to macroscopic rate laws[J]. Geochimica et cosmochimica acta, 64(13): 2255-2266.

THOMPSON A, RANCOURT D G, CHADWICK O A, et al., 2011. Iron solid-phase differentiation along a redox gradient in basaltic soils[J]. Geochimica et cosmochimica acta, 75(1): 119-133.

THULLNER M, SCHROTH M H, ZEYER J, et al., 2004. Modeling of a microbial growth experiment with bioclogging in a two-dimensional saturated porous media flow field[J]. Journal of contaminant hydrology, 70(1/2): 37-62.

TISELIUS H G, 1984. A simplified estimate of the ion-activity product of calcium phosphate in urine[J]. European urology, 10(3): 191-195.

U. S. Army Corps of Engineers, 1941. Investigation of filter requirements for underdrains[R]. Technical.

Memorandum, No. 183-1 Johns-Manville Sales Corporation, U.S.

VAN BEEK C G E M, VAN DER KOOIJ D, 1982. Sulfate-reducing bacteria in ground water from clogging and nonclogging shallow wells in the netherlands river region[J]. Groundwater, 20(3): 298-302.

VAN GENUCHTEN M T, 1980. A closed-form equation for predicting the hydraulic conductivity of unsaturated soils[J]. Soil science society of America journal, 44(5): 892-898.

VAN GENUCHTEN M T, WAGENET R J, 1989. Two-site/two-region models for pesticide transport and degradation: theoretical development and analytical solutions[J]. Soil science society of America journal, 53(5): 1303-1310.

VANDEVIVERE P, BAVEYE P, 1992. Effect of bacterial extracellular polymers on the saturated hydraulic conductivity of sand columns[J]. Applied and environmental microbiology, 58(5): 1690-1698.

VANGULCK J F, ROWE R K, 2008. Parameter estimation for modelling clogging of granular medium permeated with leachate[J]. Candian geotechnical journal, 45(6): 812-823.

VEYLON G, STOLTZ G, MÉRIAUX P, et al., 2016. Performance of geotextile filters after 18 years' service in drainage trenches[J]. Geotextiles and geomembranes, 44(4): 515-533.

VLOTMAN W F, WILLARDSON L S, DIERICKX W, et al., 2000. Envelope design for subsurface drains[M]. Wageningen: International Institude for Land Reclamation and Improvement.

WALLER P, YITAYEW M, 2016. Subsurface drainage design and installation[M]//WALLER P, YITAYEW M. Irrigation and drainage engineering. Berlin: Springer International Publishing: 531-544.

WANG X M, HUANG J H, HUANG K L, 2010. Surface chemical modification on hyper-cross-linked resin by hydrophilic carbonyl and hydroxyl groups to be employed as a polymeric adsorbent for adsorption of p-aminobenzoic acid from aqueous solution[J]. Chemical engineering journal, 162(1): 158-163.

WANG N, BURUGAPALLI K, SONG W H, et al., 2013. Tailored fibro-porous structure of electrospun polyurethane membranes, their size-dependent properties and trans-membrane glucose diffusion[J]. Journal of membrane science, 427: 207-217.

WANG F, CHEN X, LUO G P, et al., 2015. Mapping of regional soil salinities in Xinjiang and strategies for amelioration and management[J]. Chinese geographical science, 25(3): 321-336.

WATSON P D J, JOHN N W M, 1999. Geotextile filter design and simulated bridge formation at the soil-geotextile interface[J]. Geotextiles and geomembranes, 17(5/6): 265-280.

WEGGEL J R, DORTCH J, 2012. A model for filter cake formation on geotextiles: Experiments[J]. Geotextiles and geomembranes, 31: 62-68.

WEGGEL J R, WARD N D, 2012. A model for filter cake formation on geotextiles: Theory[J]. Geotextiles and geomembranes, 31: 51-61.

WILBERT M C, PELLEGRINO J, ZYDNEY A, 1998. Bench-scale testing of surfactant-modified reverse osmosis/nanofiltration membranes[J]. Desalination, 115(1): 15-32.

YANG Q F, DING J, SHEN Z Q, 2023. Sam heat transfer surface fouling behavior and fouling fractal characteristics[C]//Proceeding of Proceedings of an International Conference on Mitigation of Heat Exchanger Fouling and Its Economic and Environmental Implications. New haven: Begell House.

YONG C F, MCCARTHY D T, DELETIC A, 2013. Predicting physical clogging of porous and permeable pavements[J]. Journal of hydrology, 481: 48-55.

YU Y, ROWE R K, 2012. Modelling leachate-induced clogging of porous media[J]. Canadian geotechnical journal, 49(8): 877-890.

ZAIHUA L, SVENSSON U, DREYBRODT W, et al., 1995. Hydrodynamic control of inorganic calcite precipitation in Huanglong Ravine, China: Field measurements and theoretical prediction of deposition rates[J]. Geochimica et cosmochimica acta, 59(15): 3087-3097.

ZHANG S L, XU Q, YOO C, et al., 2022. Lining cracking mechanism of old highway tunnels caused by drainage system deterioration: A case study of Liwaiao Tunnel, Ningbo, China[J]. Engineering failure analysis, 137: 106270.

ZHAO Q, LIU Y , MÜLLER-STEINHAGEN H, et al., 2002. Graded Ni-P-PTFE coatings and their potential applications[J]. Surface and coatings technology, 155(2/3): 279-284.

ZHENG F, DENG H T, ZHAO X J, et al., 2014. Fluorinated hyperbranched polyurethane electrospun nanofibrous membrane: Fluorine-enriching surface and superhydrophobic state with high adhesion to water[J]. Journal of colloid and interface science, 421: 49-55.

ZIEMS J, 1969. Beitrag zur Kontakterosion nichtbindiger Erdstoffe[D]. Dresden: Technische Universität Dresden.